U0284800

对称

【德】赫尔曼·外尔 Hermann Weyl——著
李红杰——译

总 序

欢迎你来数学圈

欢迎你来数学圈，一块我们熟悉也陌生的园地。

我们熟悉它，因为几乎每个人都走过多年的数学路，从123走到6月6（或7月7），从课堂走进考场，把它留给最后一张考卷。然后，我们解放了头脑，不再为它留一点儿空间，于是它越来越陌生，我们模糊的记忆里，只有残缺的公式和零乱的图形。去吧，那课堂的催眠曲，考场的蒙汗药；去吧，那被课本和考卷异化和扭曲的数学……忘记那一朵朵恶之花，我们会迎来新的百花园。

“数学圈丛书”请大家走进数学圈，也走近数学圈里的人。这是一套新视角下的数学读物，它不为专门传达具体的数学知识和解题技巧，而以非数学的形式来

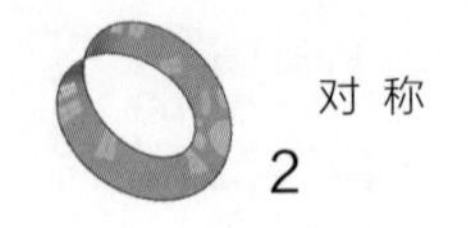

普及数学，着重宣扬数学和数学人的思想和精神。它的目的不是教人学数学，而是改变人们对数学的看法，让数学融入大众文化，回归日常生活。读这些书不需要智力竞赛的紧张，却要一点儿文艺的活泼。你可以怀着360样心情来享受数学，感悟公式符号背后的理趣和生气。

没有人怀疑数学是文化的一部分，但偌大的“文化”，却往往将数学排除在外。当然，数学人在文化人中只占一个测度为零的空间，但是，数学的每一点进步都影响着整个文明的根基。借一个历史学家的话说，“有谁知道，在微积分和路易十四时期的政治的朝代原则之间，在古典的城邦和欧几里得几何之间，在西方油画的空间透视和以铁路、电话、远距离武器制胜空间之间，在对位音乐和信用经济之间，原有深刻的一致关系呢？”（斯宾格勒《西方的没落·导言》）所以，数学从来不在象牙塔，而就在我们的身边。上帝用混乱的语言摧毁了石头的巴比塔，而人类用同一种语言建造了精神的巴比塔，那就是数学。它是艺术，也是生活；是态度，也是信仰；它呈现多样的面目，却有着单纯的完美。

数学是生活。不单是生活离不开算术，技术离不开微积分，更因为数学本身就能成为大众的生活态度和生活方式。大家都向往“诗意的栖居”，也不妨想象“数学的生活”，因为数学最亲的伙伴就是诗歌和音乐。我们可以试着从一个小公式去发现它如小诗般的多情，慢慢找回诗意的数学。

数学的生活很简单。如今流行深藏“大道理”的小故事，却多半取决于讲道理的人，它们是多变的，因多变而被随意扭曲，因扭曲而成为多样选择的理由。在所谓“后现代”的今天，似乎一切东西都成为多样的，人们像浮萍一样漂荡在多样选择的迷雾里，起码的追求也失落在“和谐”的“中庸”里。数学能告诉我们，多样的背后存在统一，极致才是和谐的源泉和基础。从某种意义上说，数学的精神就是追求极致，它永远选择最简的、最美的，当然也是最好的。数学不讲圆滑的道理，也绝不为模糊的借口留一点空间。

数学是明澈的思维。在数学里没有偶然和巧合，生活里的许多巧合——那些常被有心或无心地异化为玄妙或骗术法宝的巧合，可能只是数学自然而简单的结果。以数学的眼光来看生活，不会有那么多的模糊。有数学精神的人多了，骗子（特别是那些套着科学外衣的骗子）的空间就小了。无限的虚幻能在数学里找到最踏实的归宿，它们“如龙涎香和麝香，如安息香和乳香，对精神和感观的激动都一一颂扬。”（波德莱尔《恶之花·感应》）

数学是浪漫的生活。很多人怕数学抽象，却喜欢抽象的绘画和怪诞的文学，可见抽象不是数学的罪过。艺术家的想象力令人羡慕，而数学家的想象力更多更强。希尔伯特说过，如果哪个数学家一旦改行做了小说家（真的有），我们不要惊奇——因为那人缺乏足够的想象力做数学家，却足够做一个小说家。略懂数学的伏尔泰也感觉，阿基米德头脑的想象力比荷马的多。认为艺术家最有想象力的，是因为自己太缺乏想象力。

数学是纯美的艺术。数学家像艺术家一样创造“模式”，不过是在用符号来创造，数学公式就是符号生成的图画和雕像。在比那石头还坚硬的数学的逻辑里，藏着数学人的美的追求。

数学是自由的化身，只有在数学中，人们才可以通过完全自由的思想达到自我的满足。不论王摩诘的“雪中芭蕉”还是皮格马利翁的加拉提亚，都能在数学中找到精神和生命。数学没有任何外在的约束，约束数学的还是数学。

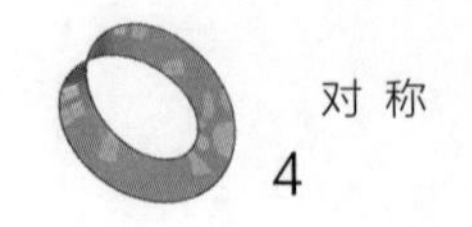

数学是奇异的旅行。数学的理想总在某个永恒而朦胧的地方，在那片朦胧的视界，我们已经看到了三角形的内角和等于180度，三条中线总是交于一点且三分每一条中线；但在更远的地方，还有更令人惊奇的图景和数字的奇妙，等着我们去相遇。

数学是永不停歇的人生。学数学的感觉就像在爬山，为了寻找新的山峰不停地去攀爬。当我们对寻找新的山峰不再感兴趣时，生命也就结束了。

不论你知道多少数学，都可以进数学圈来看看。孔夫子说了，“知之者不如好之者，好之者不如乐之者。”只要“君子乐之”，就走进了一种高远的境界。王国维先生讲人生境界，是从“望极天涯”到“蓦然回首”，换一种眼光看，就是从无穷回到眼前，从无限回归有限，而真正圆满了这个过程的，就是数学。来数学圈走走，我们也许能唤回正在失去的灵魂，找回一个圆满的人生。

1939年12月，怀特海在哈佛大学演讲《数学与善》中说，“因为有无限的主题和内容，数学甚至现代数学，也还是处在婴儿时期的学问。如果文明继续发展，那么在今后两千年，人类思想的新特点就是数学理解占统治地位。”这个想法也许浪漫，但他期许的年代似乎太过久远——他自己曾估计，一个新的思想模式渗透进一个文化的核心，需要1 000年——我们希望这个过程能更快一些。

最后，我们借从数学家成为最有想象力的作家的卡洛尔笔下的爱丽思和那只著名的“柴郡猫”的一段充满数学趣味的对话，来总结我们的数学圈旅行：

"你能告诉我，我从这儿该走哪条路吗？"

"那多半儿要看你想去哪儿。"猫说。

"我不在乎去哪儿——"爱丽思说。

"那么你走哪条路都没关系。"猫说。

"——只要能到个地方就行。"爱丽思解释。

"噢，当然，你总能到个地方的，"猫说，"只要你走得够远。"

我们的数学圈没有起点，也没有终点，不论怎么走，只要走得够远，你就总能到某个地方的。

李 泳

2006年8月草稿

2019年1月修改

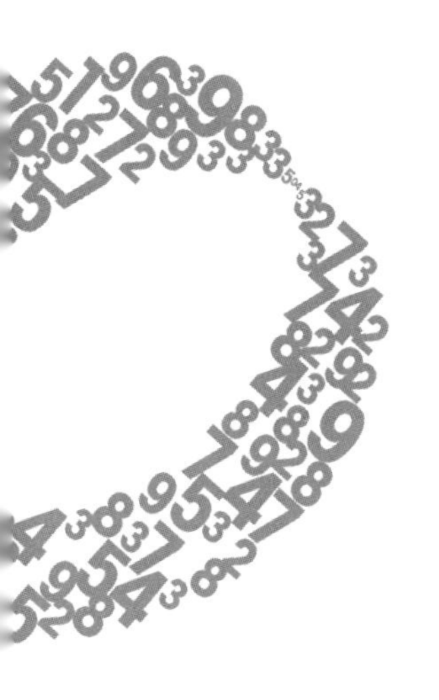

引 言

本书共分为四讲，通过它们，我从对称等于比例之和谐这一模糊概念出发，先讲述各种对称形式的几何概念，即左右对称、平移对称、旋转对称、装饰对称和晶体对称等，再进一步介绍所有这些特殊形式下暗含的一般观念，亦即元素构型在自同构变换下的不变性。目的有两个：一是展示艺术和无机、有机自然界中广泛存在的对称性原则；二是一步步澄清对称概念的哲学数学意义。为达到第二个目的，我们需要理解对称和相对性理论的概念、理论，而书中的众多插图则能帮助我们达成第一个目的。

按照我的设想，本书的读者远远不局限于学者、专家。本书并不回避数学（否则将达不到目的），但我并没有对大多数数学问题作详细处理，特别是完全的数学解析。可以说，本书就是1951年2月我在普林斯顿大学瓦尼克桑讲座（Louis Clark Vanuxem Lectures）上所用的演讲稿，只不过稍加修改，并增添了附录中的两个数学证明。

本领域的其他著作，比如耶格（F. M. Jaeger）的经典著作《对称原理及其在自然科学中的应用讲座》（*Lectures on the principle of symmetry and its applications in natural science*, Amsterdam and London, 1917），以及近期尼科勒（Jacque Nicolle）所撰的小册子《对称性及其应用》（*La symétrie et ses applications*, Paris, Albin Michel, 1950），都只讨论了有关对称的一小部分内容，只不过更为详细。汤普森（D'Arcy Thompson）在巨著《论生长和形式》（*On growth and form,* New edition, Cambridge, Engl., and New York, 1948）中也只是顺带提到了对称。施派泽（Andreas Speiser）的《有限阶群论》（*Theorie der Gruppen von endlicher Ordnung*, 3. Aufl. Berlin, 1937）及其他著作从美学和数学的角度对对称作了简要概括。汉比奇（Jay Hambidge）的《动态对称》（*Dynamic Symmetry*, Yale University Press, 1920）与本书也不过是名称有所相像而已。本书最近的亲戚或许是1949年7月号的德文期刊《大学》中讨论对称的那部分内容（*Studium Generale*, Vol. 2, pp. 203—278：引作《大学》）。

书尾附有插图来源列表。

这里我想向普林斯顿大学出版社及各位编辑致以诚挚的谢意，就这本小书的出版，无论是内部协调，还是对外沟通，他们都给予了关照；也向普林斯顿大学致以同样的谢意，是他们在我从高等研究院退休前夕给了我留下绝唱的机会。

赫尔曼•外尔

1951年12月于苏黎世

目 录

第一章

左右对称

如果没有弄错的话，我们日常所说的对称（symmetry）有两层含义：其一，“对称的”，指比例适当、平衡良好；其二，“对称性”，指多个部分构成整体所遵循的协调性。美与对称紧密相连，因此，雕塑的和谐完美为古人所称道；写下了关于比例的著作并流传后世的波利克里托斯（Polykleitos）采用了这个词；丢勒跟随他的脚步，定下了一套人体比例标准。[1] 从这层意义上讲，这一概念绝不局限于空间物体；其同义词“和谐”（harmony）更多地指的是声学和音乐方面而非几何上的对称。Ebenmass是希腊语symmetry一个很好的德语同义词；因为它还有“居中程度”的含义。根据亚里士多德（Aristotle）的《尼各马可伦理学》

1. 丢勒（Dürer），《人体比例研究四卷》（*Vier Bücher von menschlicher Proportion*, 1528）。准确地说，丢勒本人并没有采用symmetry这个词，而是他的朋友乔基姆·卡梅拉留斯（Joachim Camerarius）经他授权，在将这部德文书翻译成拉丁语的《论部分对称》（*De symmetria partium*）时采用了。波利克里托斯曾说过（περὶ βελοποιϊκῶν, IV,2）：“采用大量的数字基本能保证雕塑的正确性。~”也见*Chronique d' Egypte* 26 (1951)一书第63—66页森克（Herbert Senk）的文章Au sujet de l'expression *συμμετρία* dans Diodore I, 98, 5—9。维特鲁威（Vitruvius）这样下了定义：“对称是均衡的结果……均衡是各组成部分与整体的相称。”当代的伯克霍夫（George David Birkhoff）在这一方向上做了更详尽的研究，可见他的《审美标准》（*Aesthetic measure*, Cambridge, Mass., Harvard University Press, 1933）一书，以及发表在*Rice Institute Pamphlet*, Vol. 19（July, 1932, pp. 189—342）上的文章《审美的数学理论及其在诗歌和音乐中的应用》（*“A mathematical theory of aesthetics and its applications to poetry and music”*）。

（*Nicomachean Ethics*），有德之人应在行动中努力达到这一状态，而盖伦（Galen）在《论气质》（*De temperamentis*）一书中将其描述为到两个极端等距的一种思想状态：*σύμμετρον ὅπερ ἑκατέρου τῶν ἄκρων ἀπέχει*。

天平的形象让人自然联想到现在日常所说的“对称”的第二层含义：左右对称（bilateral symmetry）。高等动物的身体结构显然具有这种对称性，特别是人体。左右对称完全是一种几何上的属性，与对称的第一层含义的模糊不清相反，这层含义是一种绝对精确的概念。一物体，一空间构型，如果在平面E的反射作用下回归自身，则称其相对于平面E是对称的。取垂直于E的任意直线l及l上的任意一点P，都存在唯一一点P'到平面的距离与P相同但位于平面E的另一侧（图1）。只有当P位于平面E上时，P才与P'重合。

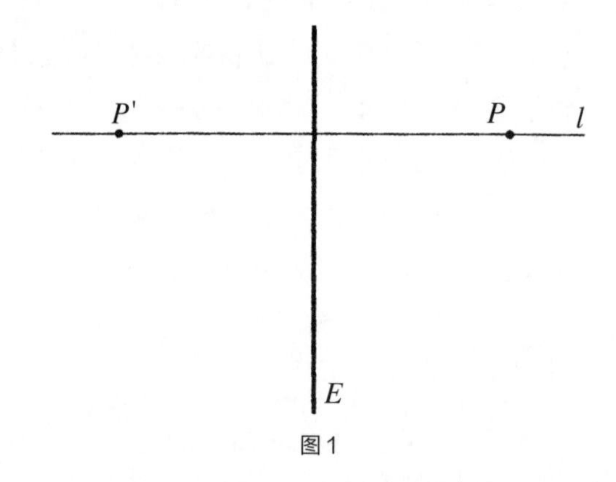

图1

关于平面E的反射是空间到自身的映射（mapping）$S: P \to P'$，即将任意一点P变换为关于平面E的镜像P'。建立起将任意一点P与镜像P'关联起来的规则，就定义了一种映射。再举一例：绕竖直轴旋转30°，就把空间中的任意一点P变换到镜像P'，定义了一种映射。如果一个构型绕轴l的任意旋转都回归自身的话，则称该构型具有旋转对称性（rotational symmetry）。像反射、旋转这样 4

的操作都是对称的几何概念，左右对称就是其中第一种对称。平面上的圆、空间中的球，因为具有完全的旋转对称性，被毕达哥拉斯学派（Pythagoreans）视为最完美的几何构型；亚里士多德认为天体是球形的，因为任何其他形状都会有损它们的天赋完美性。正是基于这一理念，一首现代诗[2]才把上帝称为“伟大的对称”：

> 只因胡乱度过的
> 未加珍惜的日子
> 赋予了我完美的形骸，
> 上帝，您伟大的对称，
> 便赐我蚀骨欲望，
> 痛苦随之油然而生。

对称，狭义地定义它也好，宽泛地定义它也罢，千百年来它都是人们试图借以理解并创造秩序、美和完美的一种概念。

本讲我们将按如下顺序讲述：首先我会详细探讨一下左右对称，并探讨它在艺术、有机和无机自然界中所扮演的角色。然后我们将沿着前述旋转对称的方向逐步扩展这一概念，先是局限在几何学的范围，之后通过数学抽象的过程再突破这些局限。最终得到具有更一般性的数学概念——隐藏在对称中的所有表现和应用之后的柏拉图概念。从某种意义上说，这是探讨所有理论知识的典型程序：我们从一些普通但模糊的原则（对称的第一层含义）出发，然后找到一个可以赋予该概念具体而精确的意义的重要事例（左右对称），由此出发更多地在数学构造和抽象而非哲学臆想的指导下，再次进行一般性拓展；运气好的话我们会得到一个至

---

2. 安娜·威克汉姆（Anna Wickham），引自《沉思矿场》的跋（*The contemplative quarry*, Harcourt, Brace and Co., 1921.）

少像最初那个一样普适的概念。此时它可能已经失去了很多情感上的吸引力，但在思想领域获得了等量或更多的统一力量，而且是精确的，不是模糊的。

我用著名的希腊雕塑（公元前4世纪）——《祈祷男孩》（图2）——来开启关于左右对称的讨论，让你感受到这类对称在生活和艺术中的重要性，就像在标志中的重要性一样。或许有人会问，对称的美学价值是否依赖于它在生命中的价值：艺术家是否发现了大自然依据某种内在规律赋予众生命的那种对称性，之后再将大自然呈现出来的但并不完美的对称性予以复制并完美化？抑或对称的美学价值来自于其他方面？ [6]

我和柏拉图一样，倾向于认为数学概念是二者的共同起源：大自然所遵循的数学定律是大自然中对称性的起源，优秀艺术家对数学概念的直观认知是艺术中对称性的起源。不过我也承认，在艺术世界里，人体所呈现出的左右对称性也额外刺激了艺术家的对称意识。

[8] 在所有的古文化中，苏美尔人似乎对严格的左右对称或纹章对称（heraldic symmetry）拥有特别的兴趣。公元前2700年前后统治拉格什城（Lagash）的恩铁美那王（King Entemena）有一只著名的银瓶，瓶上有狮头鹰图案，鹰面朝观察者展开双翅，双爪各抓一只侧身的雄鹿，而雄鹿的面部则遭到一只狮子的攻击（上面图案中的雄鹿在下面的图案中换成了山羊，见图3）。鹰的严格对称性向其他动物延伸，其他动物只有出现双份才能保持对称性。之后不久，鹰就有了两个头，分别朝向左右两侧，对称性原则完全压倒了真实摹写大自然的原则。之后，这种纹章设计为波斯、叙利亚以及后来的拜占庭所继承，第一次世界大战之前的任何人都会记得沙俄和奥匈帝国军服上的双头鹰图案。

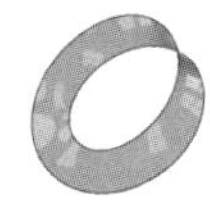

图 2

图3

图4

现在来看另一幅苏美尔人的图案（图4）。两个鹰头男人近乎对称但并不完全对称，为什么？平面几何里相对于竖直线l的反射也可以通过在空间里把平面绕轴l旋转180°来实现。注意他们的手臂，你会发现这两个怪人可以通过这样的旋转回归彼此；手臂在空间上的重叠使得平面画不再具有左右对称性。不过创作者为了强调左右对称性，让两人都半朝向观察者，并对两人的脚和翼做了安排：左侧那人的右翼下垂，右侧那人的左翼下垂。

9

巴比伦的圆柱形印石上的图案通常具有左右对称性。我记得是在前同事恩斯特・赫兹菲尔德（Ernst Herzfeld）的藏品中见到的这些样品，是神的侧面像，出于对称性考虑，把神的躯体水牛状的下半部分而非脑袋做了对称双份处理，从而就有了四条而非两条后腿。基督教时代的人们可能见过描摹圣餐情形的图案，类似于这只拜占庭圣餐碟（图5），上面两个对称的基督面对着他们的门徒。不过，这里的对称是不完全的，而且显然超出了普通意义，因为一侧的基督在分面包，另一侧的基督在倒红酒。

10

图5

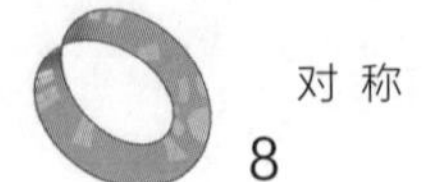

图6

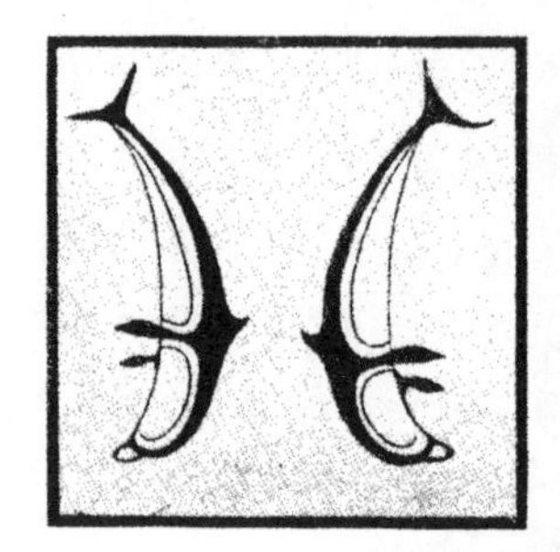

图7

我要在苏美尔和拜占庭之间加入波斯：这些上了釉的斯芬克斯（图6）来自马拉松时代建造于苏萨城（Susa）的大流士宫。穿过爱琴海我们在梯林斯（Tiryns）的中央大厅发现了这样的地板样式（图7），成于后希腊时代的公元前1200年前后。深信历史连续性和依赖性的人会把这些美丽的海洋生物（海豚和章鱼）图案追溯至克里特岛的米诺斯文化，把左右对称性追溯至来自东方的影响力，比如上例中的苏美尔人。两千年后我们还能看到这种影响力，比如11世纪意大利托切罗（Torcello）的圆屋顶里圣坛上的这幅牌匾（图8）。在基督教中，很久以来从藤叶中的竖井里饮水的孔雀就是不朽的象征，而结构上的左右对称则具有东方特色。

11

12

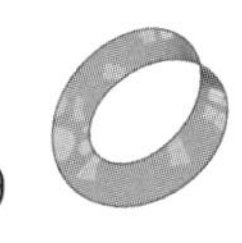

图8

图9

与东方的艺术相反，西方的艺术像生活自身一样，往往会减缓、放松，甚至破坏严格的对称性。但是，不对称并不仅仅意味着缺乏对称性。甚至在不对称的设计中，人们也会觉得对称才是准则，只不过是受了非正规特色的影响才偏离了对称。我觉得，科尔内托（Corneto）特里克利尼姆（Triclinium），著名的伊特鲁里亚人（Etruscan）墓中的骑士图（图9）就是一个很好的例子。前面已经提到过两个基督分别发放面包和红酒的图像了。西西里

图10

岛蒙雷阿莱（Monreale）大教堂镶嵌的《耶稣升天图》（*Lord's Ascension*，图10，成于12世纪）中，中间的两位天使护卫玛利亚的部分具有完美的对称性。[下一讲我们会讨论到镶嵌图上方和下方的装饰带。]拉文纳市（Ravenna）圣阿波利纳尔（San Apollinare）教堂里一幅更早的镶嵌画（图11）呈现出的对称性更不严格，基督两边是一个天使仪仗队。在蒙雷阿莱的镶嵌画里，玛利亚对称地抬起了双手，呈祈祷姿势；而这幅画里的天使仪仗队都只端着右手。下面这幅来自威尼斯圣马可（San Marco）教堂的拜占庭式浮雕圣像（图12）里的对称性就更明显一些。这是一幅祈祷像，当然，在上帝即将做出最终审判时两侧祈求怜悯的祈祷者不可能是彼此的镜像；因为上帝右侧站的是圣母玛利亚，左侧站的是施洗约翰。或许你会把耶稣受难图中十字架两侧的玛利亚和福音传播者约翰也视为破缺的对称。

显然，这里我们触及问题的本质了，左右对称的精确几何概念开始化解为模糊的均衡概念——平衡的设计，我们也是由此展开讨论的。达格伯・弗赖（Dagobert Frey）在《论艺术中的对称问题》[3]一文中写道："对称意味着静止和约束，非对称意味着运动和放松；对称意味着秩序和规律，非对称意味着任意和随机；对称意味着刻板和限制，非对称意味着活力、玩乐和自由。"在所有把上帝和基督视为永恒的真理或正义的象征的地方，上帝和基督的图像都是对称的正面图而不是侧面图。可能是基于类似的原因，供礼拜用的公共建筑和房屋，不管是希腊神庙，还是基督教教堂，均采用对称设计。不过，确实也有哥特式大教堂的双塔是不对称的，比如沙特尔的大教堂。但实际上所有这种不对称都是教堂的历史造成的，也就是说教堂的塔建造于不同时期。后人不再满意前人的设计，这也可以理解；所以可称之为历史非对称

---

3. *Studium Generale*，p. 276。

图11

图12

性。有镜面存在，就会有镜像，不管是倒映风景的湖面，还是妇女照的镜子。大自然像画家一样利用这一主题。相信你会轻易想到类似的示例。我最熟悉的示例是霍德勒所画的席尔瓦普拉纳湖（*Lake of Silvaplana*），因为做研究时每天都会看到它。

在离开艺术转而讨论自然之前，先花几分钟时间考虑一下我们所谓的左右对称的数学哲学意义。从科学上讲，左和右没有内在的区别，不存在像男和女，或动物的前身和后身这样的对立性，需要人为地选择来确定哪边是左，哪边是右。但一个个体的左右确定之后，所有个体的左右也就都确定了。我需要把这点说得更清楚一些。空间中的左右讲的是旋转的方向。向左转指的是所转的方向与从脚到头的方向一起构成左手螺旋。*以从南极到北极的方向来考虑旋转轴时，地球的自转方向与旋转轴方向构成了左手螺旋，而以北极到南极的方向考虑旋转轴时，地球的自转则成了右手螺旋。有些晶体物质能将射进来的偏振光的偏振面向左或向右偏转，暴露了它们内在的不对称性，我们称之为旋光性。向左或向右偏转是相对于光的传播方向来说的。左右的这一特性，莱布尼茨给过一个术语，即“不可识别的”（indiscernible）。通过这些内容我们想表达的是，空间自身的结构不允许我们区分左旋和右旋，除非人为地选取。

我想把这一基础概念定义得更精确一些，因为整个相对性理论都建立在这一基础之上，而后者又是对称性的另一方面。按照欧几里得的理论，可以通过点与点之间的一些基本关系来定义空间的结构，比如A、B、C位于同一条直线上，A、B、C、D位于同一平面上，AB与CD等长，等等。或许空间结构最好的描述方式

---

* 译注：此处应为右手螺旋；此处及下文关于地球自转与极轴方向构成的左/右手螺旋，作者均说反了。

是亥姆霍兹采用的方式：只用图形全等这个概念。空间的一个映射S将其中每一点p映射为点p'：$p\rightarrow p'$。一对映射S、S'：$p\rightarrow p'$，$p'\rightarrow p$，若其中一个是另一个的逆操作（即S将p映射为p'，而S'将p'映射回p，反之亦然），则称之为一对"——映射"或"——变换"。数学家把能保持空间结构的变换——如果按亥姆霍兹的方式来定义空间的结构，就意味着该变换将任意两个全等图形映射为两个全等图形——称为自同构（automorphism）。莱布尼茨认识到，这是相似性（similarity）这一几何概念的基础。自同构将一个图形映射为另一个"单独考虑的话与之无法区分"的图形（莱布尼茨语）。于是，我们说左和右实质上是相同的，指的就是：平面中的反射是一种自同构。

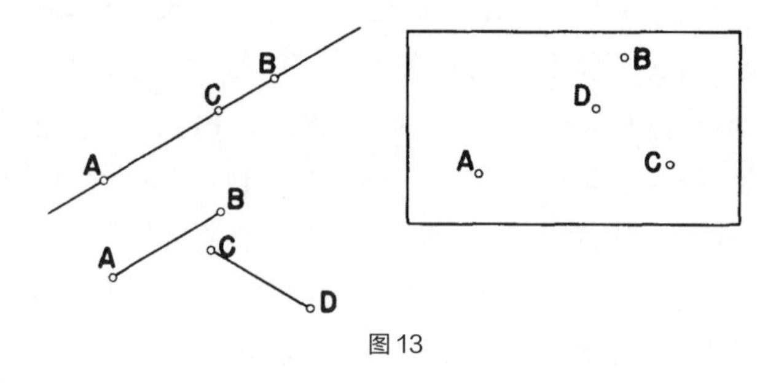

图13

这样的空间是几何所研究的空间。但空间也是所有物理现象发生的媒介。物理世界的结构由自然界的众多规律来揭示，后者由某些基本量所构成的方程来表达，而这些基本量又是时间和空间的函数。如果这些规律在反射作用下并非完全不变的话，那我们就知道空间的物理结构"带有螺旋"。马赫（Ernst Mach）曾说过，少年时代得知平行于带有电流的导线的悬挂磁针（图14）会沿一定的方向（向左或向右）偏转时大为震惊。既然包括电流以及磁针南北极在内的所有几何和物理构型从表面上看相对于通过导线和磁针的平面E都是对称的，磁针就应像处于两堆相同干草

18

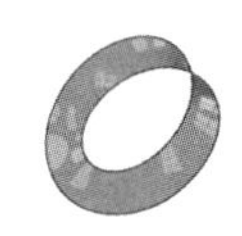

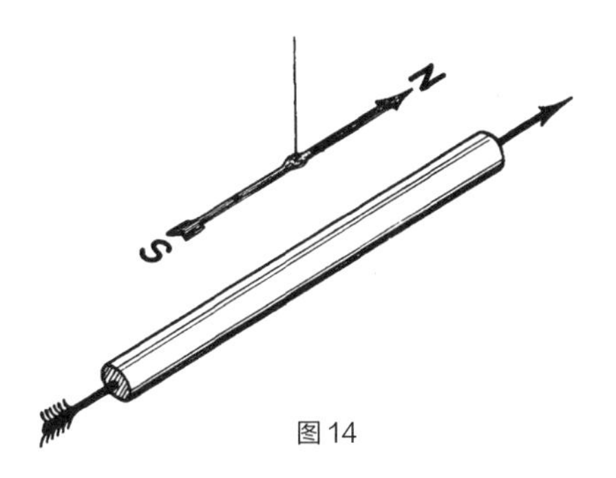

图14

19　之间的布里丹之驴那样，既不向左也不向右；就好比两侧等重的等臂天平，既不左歪也不右斜，只保持水平。但是，外表有时具有欺骗性。少年马赫的困惑在于，就关于E的反射对电流以及磁针南北极产生的影响下的结论过于仓促：几何体在对称变换下的表现我们已经知道，但还需要向大自然学习物理量的表现。这就是我们的发现：在关于E的反射下，电流方向保持不变，而南北磁极互换。当然，正是因为正负磁极本质上是相等的，这一重新建立左和右的等价性的出路才可能行得通。当你发现磁针的磁性源于绕磁针方向环流的分子电流后，一切疑惑都烟消云散。显然，在关于平面E的反射下，这种电流的方向发生了改变。

结果就是：在所有的物理学中，没有任何迹象表明左和右具有内在的差异。正如空间中所有的点、所有的方向都是等价的，左和右也是等价的。位置、方向、左右都是相对的概念。就相对性的这一问题，莱布尼茨与牛顿的代言人克拉克牧师曾在一次著名的论战中用神学的语言进行了深入讨论。[4]坚信绝对空间和绝对时间的牛顿认为，运动是上帝创造万物的证明；如若不然，就无法解释物体为何不沿别的方向运动。莱布尼茨不喜欢让上帝来做

20

4. 见莱布尼茨《哲学著作集》[*Philosophische Schriften*, ed. Gerhardt (Berlin 1875 seq.), Ⅶ, 第352—440页]，特别是莱布尼茨的第三封信，第5节。

出缺乏“充分理由”的决定，他说：“空间自身就是某种东西的话，就无法解释上帝为何（在保持它们彼此间距和相对位置的前提下）把万物放在这些特殊位置上而非别处；比如，上帝为何不颠倒一下东和西，把万物按相反的顺序排列？另一方面，如果空间不过是事物之间空间上的次序和关系，那么上述两种状态（真实状态，以及变换位置后的状态）就没有什么区别……所以，完全没必要问为何上帝更喜欢某一种状态。”对左和右的深入思考，让康德首次提出了直觉形式的空间和时间概念。[5]康德的理解似乎是这样的：如果上帝最初的造物行动是创造了一只左手，那么这只手即便在没有参照物的时候也具有左的特性，而这种特性只能从直觉上理解，而不能从概念上理解。莱布尼茨反驳道：“即便上帝先造一只右手，在他看来仍没有什么区别。”创世的过程只有再前进一步才会出现差异。假如上帝不是先造一只左手再造一只右手，而是先造一只右手再造一只右手，那么他只是在第二步才改变了宇宙的方案，引入了与第一步相同而不是反相的手。

科学思维站在了莱布尼茨一边。神话思维则相反，这一思维用右和左来象征善和恶这样的对立体就说明了这一点。注意到right一词本身就有“正确”和“右”两层意义你就明白了。图15展示了西斯廷教堂屋顶上米开朗琪罗的名画《上帝创造亚当》的一个细节，可见右侧的上帝是用右手触碰了亚当的左手。

人们用右手握手。拉丁语中的“左”一词为sinister（凶），而纹章学中仍用sinister side来表示盾牌的左侧。Sinistrum一词同时也指邪恶的事物，在通用英语中，这一拉丁词只有这一比喻义

5. 可见《纯粹理性批判》一书，此外可见《任何一种能够作为科学出现的未来形而上学导论》第13节。

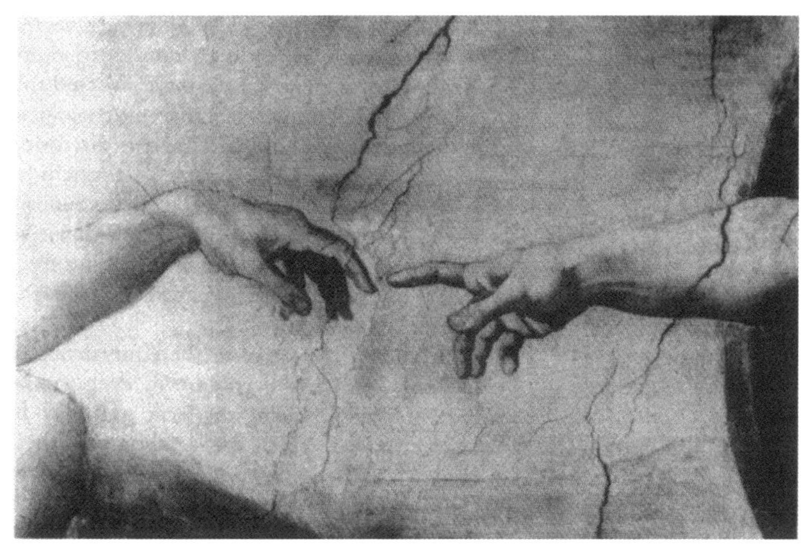

图15

还在使用。[6]与耶稣一起钉死在十字架上的两个囚犯中，只有右边的那个与耶稣一起升去了天国。《马太福音》第25章这样叙述最后的审判："他把绵羊放在右边，山羊放在左边。然后国王对右侧说道：'来吧，天父赐福于汝，令汝等继承创世时备下的王国'……然后又向左侧说道：'你们这些被诅咒的，离开我，跳进为魔鬼及其使从准备的永恒之火里去！'"

我记得海因里希·沃尔夫林（Heinrich Wolfflin）在苏黎世作过一次题为"绘画中的左和右"的演讲，这篇演讲的精简版与他的另一篇论文"拉斐尔壁画中的倒置问题"一起刊载在他于1941年出版的《美术史随想录》一书中。沃尔夫林通过一些例子，比如拉斐尔的《西斯廷圣母像》和伦勃朗的蚀刻风景画《三棵树》，

6. 我并没有意识到的一个事实是：在罗马占卜术语中，sinistrum有着与propitious（吉）相反的含义。

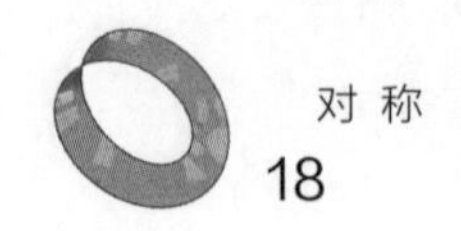

试图证明在绘画中右所烘托的气氛与左不同。实际上所有的(蚀刻版画)复制方法都会将左右互换，对于这种倒置，似乎现在要比过去敏感得多(就连伦勃朗也毫不犹豫地把颠倒了左右的蚀刻版画《基督落架图》推向了市场)。考虑到我们的阅读量高于古人，譬如说16世纪的人，这就意味着可以提出一个假设：沃尔夫林所指出的差别与我们从左到右的阅读习惯有关。我还记得，他不同意这一假设，也不同意人们在其演讲结束后的讨论中提出的一些心理学解释。出版的演讲全文结尾评论说这一问题“显然有其深刻的根源，深至我们的感觉本性之根”。就我个人而言，并不想太认真地考虑这个问题。[7]

23

科学界坚持左右等价，虽然有一些生物学事实表明，二者不等价的程度甚于震惊了年轻的马赫的磁针偏转。我们马上就要讲到这些事实。反转时间的方向就可以互换的过去和未来，以及正负电荷，也都存在同样的等价性问题。从这两个事例，特别是第二个事例可以看出，先验的证据不足以解决等价性问题，必须引入实验证据；这一点或许比左-右这一事例看得更清楚。确实，过去和未来在我们的意识中所起的作用表明，二者之间存在着内在的区别——过去可知且不可改变；而未来未知且可为现在所做的决定改变——人们理应认为，可在自然界的物理定律中找到这种区别存在的基础。但是，那些我们可以称之为确切知识的定律，在时间的反转下是不变的，跟在左右互换下的性质一样。莱布尼茨认为，表示时间的过去和未来指的是世界的因果结构，这样就把问题解释清楚了。即便量子物理学中的“波动定律”在时间反转下保持不变，因果性这一形而上学的概念，以及时间单向

24

7. 也见A. Faistauer, “Links und rechts im Bilde,” Amicis, *Fahrbuch der österreichischen Galerie*, 1926, p. 77; Julius V. Schlosser, “Intorno alla lettura dei quadri,” *Critica* 28, 1930, p. 72; Paul Oppé, “Right and left in Raphael's cartoons,” *Fournal of the Warburg and Courtauld Institutes* 7, 1944, p. 82.

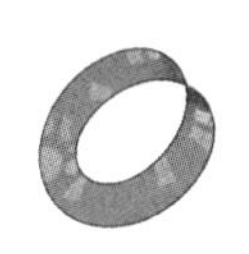

性，也可以通过（用概率和粒子的语言）对这些定律的统计学解释而进入物理学。当前的物理学知识让我们更无法确定正负电荷的等价性或不等价性。似乎很难总结出二者具有内在区别的物理定律；但带正电荷的质子的带负电荷的对应物还有待发现。

这些半哲学的题外话是必要的，因为它们为讨论自然界中的左右对称性提供了背景；我们要知道，自然界的通用构造具有这种对称性。但我们也不必期望自然界的任何特殊个体具有完美的左右对称性。不过，个体的左右对称性所达到的程度还是令人震惊的。其中定有原因，而且不难寻找：平衡状态往往是对称的。更精确地说，若某些条件确定了唯一的平衡状态，则该平衡状态也具备这些条件所具备的对称性。因此，网球和星体都是球状的；如果地球不绕轴自转的话，它也会是一个球体。因为自转，地球沿轴向变扁了，但仍保持有绕轴的旋转对称性，或者说柱对称性。所以，需要解释的就不是地球的旋转对称性了，而是对旋转对称性的偏离，比如陆地和海洋的不规则分布、山脉带给球面的皱褶等等。正是由于这样的原因，路德维希（Wilhelm Ludwig）在他关于动物学中左右问题的专著中，对比棘皮动物高等的动物界里普遍存在的左右对称的起源几乎是只字未提，反而详细讨论了叠加在这一对称性基础上的种种次级非对称性。[8]这里引用他的一段话："人体像其他脊椎动物一样，基本上也是按左右对称生长的。出现的所有非对称性均为次级特征，其中较重要的非对称性是肠道的折叠与回盘，并对内脏产生着影响。其原因主要

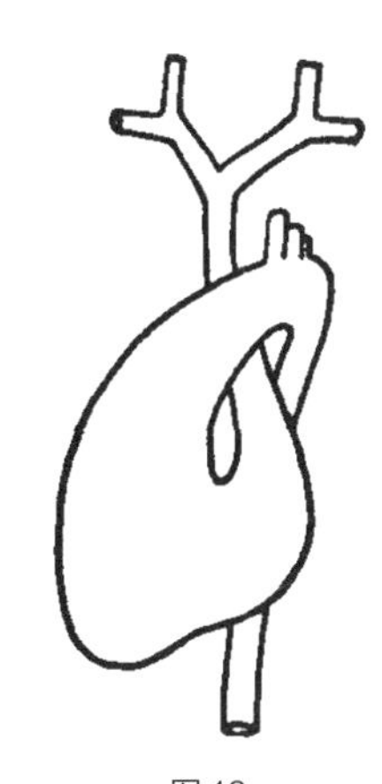
图 16

25

8. W. Ludwig, *Rechts-links-Problem im Tierreich und beim Menschen*, Berlin 1932.

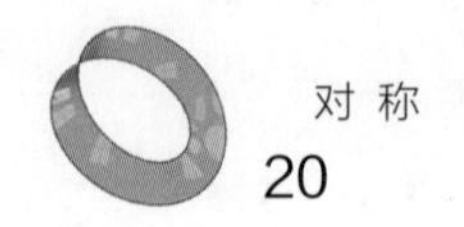

在于肠道需要增加的表面积与身体的成长不成比例。而且，在种系发育过程中，与肠道系统及附属器官有关的非对称性最先出现，然后又带来了其他器官系统的非对称性。”大家都知道，哺乳动物的心脏是非对称螺旋体，如示意图16所示。

假如大自然普遍都遵循法则，那么所有的自然现象就都将具有由相对性理论所概括的普适定律的完全对称性。不过事实并非如此，这就证明了偶然性（contingency）是世界的一个基本特性。克拉克在与莱布尼茨的论战中承认了后者的充分理由原则，但加了一句：充分理由往往出于上帝的意志。我认为，这里唯理主义者莱布尼茨肯定错了，而克拉克是对的。但是，与其让上帝对世界上所有的不合理之处负责，全然否定充分理由原则更显真诚。另一方面，莱布尼茨对相对性原理的理解是对的，牛顿和克拉克则不然。今天我们看到的真实是：自然界的法则并不唯一地决定这个世界，哪怕我们把通过自同构变换（即普遍自然规律保持不变的变换）产生于彼此的两个世界视为同一个。 26

对于一团物质来说，如果自然法则所赋予的整体对称性只受其位置P所限制，那么它将呈球形，球心为点P。因此，那些最低等的动物，即水中的小悬浮生物，大体上呈球形。而对于附着在海床上的生物来说，重力的方向就成了一个重要因素，因此，相对于球心P的完全对称降级为绕轴完全对称。但是，对于那些能够在水里、空中或地面上自主运动的动物来说，身体从后向前移动的方向和重力的方向都具有决定性的影响。在前后轴、背腹轴和由此而来的左右轴决定了以后，只剩下左和右还可以任意指定，而且在这一阶段也不会有比左右型更高级的对称性。系统发育进化中，那些会在左与右之间引入可遗传差别的因素，很可能为运动器官（纤毛、肌肉以及肢翼）的左右对称结构带给动物的好处所抑制：如果这些器官的进化是不对称的，自然而然的结果就是 27

动物的运动是螺旋状的而非直线式的。这可能也有助于解释我们的四肢为何比内脏更严格地遵守对称性定律。在柏拉图的《会饮篇》(*Symposium*)一书中，阿里斯托芬(Aristophanes)讲了一个故事，描述了从球对称到左右对称是如何产生的。他说，起先人类是球形的，背部和各侧面构成一个球面。为了打击人类的自大，削弱人类的能力，宙斯将他们一剖为二，并让阿波罗把他们的脸和生殖器转到前面去；宙斯还威胁说："如果他们继续傲慢无礼，我就再次把他们劈开，这样他们就只能一条腿跳着走。"

无机界中晶体具有最为惊人的对称性。气态和晶态是泾渭分明的两种状态，用物理原理来解释它们相对比较容易，而介于这两个极端之间的状态，比如液态和塑态(plastic states)，用理论来解释就没那么容易。对于气态来说，分子在空间中自由运动，位置和速度相互独立且无序；而对于晶态来说，原子在平衡位置附近振动，就好像彼此由弹簧连接在一起，这些平衡位置在空间中形成了一个规则构型。我们将在后一讲中解释这里的"规则"指的是什么，以及规则原子排列如何造就了晶体的可见对称性。从几何构型上讲可能存在的32种晶体对称性中，虽然大多数都涉及左右对称性，但并非全部。不涉及左右对称性的晶体有可能是对映晶体(enantiomorph crystals)，它们以左旋形式(laevo-form)或右旋形式(dextro-form)存在，两种形式互为镜像，就像左手和右手一样。具有旋光性，即可把光的偏振面向左或向右旋转的物质，往往是具有这种非对称性的晶体。如果自然界中存在左旋形式的某种物质，那么其右旋形式也应该存在。而且平均来说，两者出现的概率也是一样的。1848年，巴斯德(Pasteur)发现无旋光性的外消旋酸钠铵盐水溶液遇低温再结晶时，结晶物就是由两种互为镜像的细微晶体组成的。巴斯德仔细地把它们分离开来，并且证明了由它们制备的两种酸与外消旋酸具有同样的化学成分，只是其中一种是左旋光的，另一种是右旋光的。巴斯德

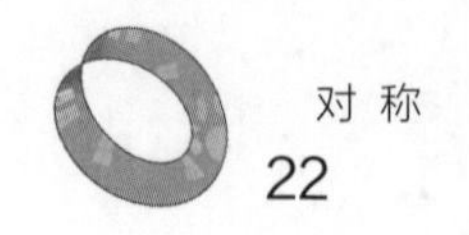

又发现右旋光酸与葡萄发酵时所产生的酒石酸完全相同，而左旋光酸之前在自然界中从未被发现过。耶格（F. M. Jaeger）在题为“关于对称性原理及其在自然科学中的应用”的演讲中说：“没有比巴斯德这一发现影响更为深远的科学发现了。”

很显然，一些难以控制的偶然因素决定了溶液中某处析出的是左旋晶体还是右旋晶体；因此，在结晶过程中的任意时刻，析出的左旋晶体和右旋晶体的量相等或非常接近相等，这样才能与整个溶液的对称性和无旋光性相符，且不违背随机定律（the law of chance）。另外，大自然虽赐予了人类大为诺亚（Noah）所欣赏的奇妙礼物——葡萄，但葡萄所产生的酒石酸却只有一种旋光性，而具有另一种旋光性的酒石酸还有待巴斯德去发现！这确实很奇怪。事实上，自然界为数众多的含碳化合物中，大多数都只有一种旋光性（左旋或右旋）。蜗牛壳的回旋方向是一种可遗传的特征，由其基因决定，人类的左侧心脏以及肠道的回盘方向也一样。也有可能出现例外，比如人的肠道逆位（situs inversus）出现的概率为0.02%；后面我们还要讲到这一点！深层次的化学构成表明，人体也存在一种螺旋，所有人的旋绕方向都相同。这就导致了人体含有右旋形式的葡萄糖以及左旋形式的果糖。基因上的这种非对称性有一个可怕的结果，即摄入少量左旋苯基丙氨酸后就会出现一种被称为苯丙酮尿症的代谢病症状，并导致精神病，而摄入右旋苯基丙氨酸没有这种后果。巴斯德之所以能够利用细菌、霉菌、酵母及其他微生物分离出左旋物质或右旋物质，就是因为这些生物体具有非对称的化学构成。正因为这一点，他才发现，如果灰绿青霉在某种本无旋光性的葡萄酸盐溶液中生长的话，该溶液就会逐渐呈现左旋光性。显然，灰绿青霉选择了最适合其非对称化学结构的那种酒石酸分子作为食物。人们用锁和钥匙的比喻生物体的这种特异性。

29

30

考虑到上述事实，以及仅通过化学方法把无旋光性物质旋光化的所有尝试均告失败，[9]巴斯德坚称产生单旋光性物质是生命体的特权也就不难理解了。巴斯德在1860年写道："这也许是眼下在无生命体和有生命体的化学物质间所能划出的唯一一条明确的分界线。"巴斯德试图解释他最初的那个实验：在置于空气中的中性溶液里，由于细菌的作用，葡萄酸经由再结晶过程转化为左旋酒石酸和右旋酒石酸的混合物。今天看来，他无疑错了！正确的物理解释是，低温下旋光性相反的两种酒石酸的混合物要比无旋光性的形式更为稳定。如果在生命体和无生命体之间存在一个原则性的区别，那么这一区别并不是二者物质基础的化学特征不同。自1828年维勒（Wöhler）用无机物质合成尿素以来，这点已是确信无疑了。但甚至到了1898年，雅普（F. R. Japp）在不列颠科学促进会（the British Association）上所作的题为"立体化学和活力论"的著名讲演中还持有巴斯德的观点，只是换了个说法："只有有生命的有机体，或者具有对称性概念的智慧才能产生这种结果（即不对称化合物）。"这里他说的是否就是巴斯德的智慧？即设计实验，出乎意料地创造出双旋光性酒石酸晶体的智慧？雅普继续道："只有非对称性才能产生非对称性。"我乐于承认这一论点；但它的作用很有限，因为现实世界中，决定了未来的过去和现在，除去人为因素，是不存在对称性的。

31

然而，这就提出了一个难题：对映体（enantiomorphic）有很多对，为什么对于某一对来说大自然只产生其中的一种，而且还往往由生命体产生？约尔当（Pascual Jordan）用这一事实来支持他的下述观点：并不是世界发展到某一阶段后，各地持续不断发生的偶然导致了生命的出现，而是某个非常独特且发生概率很低

---

9. 现在我们知道有一个例子，即在硝基肉桂酸与溴的化学反应中，圆偏振光会导致旋光性。

的事件触发了生命的诞生；这事件只发生了一次，却通过自催化增殖开启了一场雪崩。的确，如果植物和动物体上的非对称蛋白质分子有不同时间不同地点的非相关起源，那它们的左旋态和右旋态应该有近似相同的丰度。这样看来，亚当夏娃的传说似乎存在一定的真实性，即便不适用于人类的起源，也适用于原始生命的起源。前面我所说的就是这些生物学事实。它们从表面上看意味着左和右存在内在的差异（至少在有机世界是这样的），不过我们可以肯定的是，问题的答案并不在于任何普适的生物学定律，而在于生命发端的偶然事件。约尔当指出了一条出路；人们还希望能有一个不那么彻底的答案，比如把地球上的栖居者的非对称性归因于地球自身某种偶然但内在的非对称性，或者地球接收的阳光所具有的非对称性。但这个问题，和地球的自转、地球和太阳共同产生的磁场都没有直接关系。还有一种可能，就是生命进化发端于平衡的对映体分布，但这种平衡是不稳定的，很小的扰动就会将其打破。

32

有关左和右的系统发生问题（phylogenetic problems）就先讨论到这里，接下来我们将讨论生命的个体发生（ontogenesis）。这就引出了两个问题：第一，是否动物受精卵在第一次分裂时就确定了正中面（the median plane），然后一个细胞发育成左半部分，另一个细胞发育成右半部分？第二，是什么确定了第一次分裂的正中面？现在来讨论第二个问题。比原生动物高等的任何动物的卵细胞从一开始就有一个极轴，连接未来会发展为动物的动物极和会发展为囊胚的植物极（营养极）。该极轴与精子进入卵子的那一点构成了一个平面，我们很自然地就会认为这个面就是受精卵的第一次分裂面。的确，事实证明，对于很多动物来说确实是这样。现在的观点似乎更倾向于认为，是外界因素把基因中蕴含的可能性变成了现实，导致了初始极性和随之而来的左右对称性。对于很多动物来说，极轴的方向显然由卵母细胞附着在卵

巢内壁上的方式决定，而精子进入卵子的那一点，如前所述，是正中面的决定因素之一，通常还是最重要的决定因素。不过还有
33
其他因素在影响着极轴的方向和正中面。对于墨角藻（Fucus）来说，光线、电场或化合物梯度决定了极轴方向，而对于某些昆虫或头足类动物来说，在卵巢的影响下，正中面早在受精之前就确定了。[10]一些生物学家试图从深层次的结构中探寻这些影响因素发挥作用的机理，不过关于这些结构我们还没有清晰的概念。康克林（Conklin）认为是海绵质结构，还有人认为是细胞骨架，现在生物化学家倾向于认为应该把结构特性具体到纤维上来，这种倾向很强烈。李约瑟在主题为“秩序和生命”（1936年）的特里讲座中就宣称，生物学很大程度上是关于纤维的学问，或许你会发现，卵子的深层结构是由细长的蛋白质分子和液态晶体构成的。

关于第一个问题，即细胞的第一次有丝分裂是否把细胞分成左右两部分，我们了解得更多一些。根据左右对称性的基本特点，作此假设似乎是理所当然。不过，答案还需要事实证据。尽管这一假设对于正常发育来说应该是正确的，但从汉斯·杜里
34
舒（Hans Driesch）最先对海胆所做的实验可知，在双细胞阶段将单个卵裂球与同伴分离开来后，该卵裂球又发育成一个完整的胚囊，与正常发育的胚囊相比只是形体较小而已。请看杜里舒著名的照片（图17）。我们必须承认，并不是所有的物种都这样。杜里舒的发现让人们认识到，卵细胞不同部分的实际发育功能和潜在的发育功能之间存在着区别。杜里舒称之为预期发育前景（prospective significance），有别于预定潜能（prospective

---

10. 赫胥黎（Julian S. Huxley）和德比尔（G. R. de Beer）在他们的经典著作《胚胎学基础》（*Elements of embryology*，剑桥大学出版社，1934年）一书中阐述道（第14章，总结，第438页）：“在最初阶段，沿卵子成分某一方向或多个方向上的一种或多种定量差别的梯度形式是统一的。卵子的构造本身就确定了能够产生某种特殊的梯度构型；不过梯度产生的位置并不确定，受外界因素的影响。”

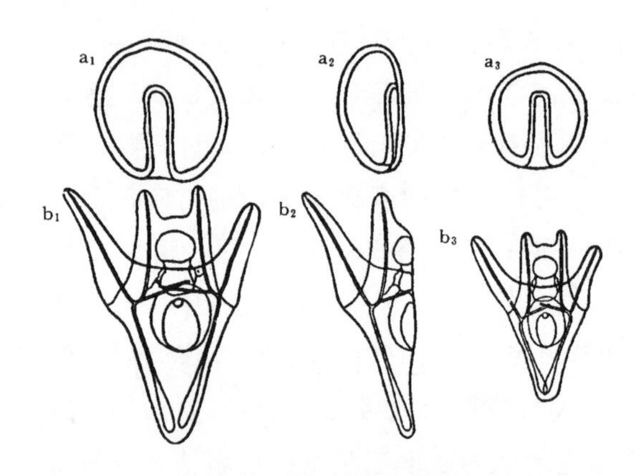

a_1 和 b_1　正常发育的胚囊和幼体
a_2 和 b_2　半胚囊和杜里舒所期望的半幼体
a_3 和 b_3　实际得到的完整的小胚囊和小幼体

图 17　海胆的多潜能实验

potency)；后者的意义更广泛，但随着社会的发展，其含义在收缩。让我通过两栖动物肢芽的确定来说明这一基本要点。哈里森(R. G. Harrison)曾做过实验，把将来会发育成肢体的芽体外壁层盘做了移植，发现尽管移植有可能颠倒背腹轴和中侧轴，但前后轴是确定的；所以在这一时期，左和右仍属于外壁层盘的预定潜能，这一潜能最终如何实现则受周围组织的影响。 35

杜里舒对正常发育的深度破坏证明了第一次细饱分裂可能并没有永久地把正在发育的生物体的左和右确定下来。但即便在正常发育中，第一次分裂的中心面也可能并不是正中面。有人曾深入研究了马蛔虫(部分神经系统是不对称的)细胞分裂的初期阶段。首先，受精卵分裂成细胞I和另一个更小的细胞P(图18)，二者具有明显区别。然后二者沿两个相互垂直的平面分别分裂为$I' + I''$和$P_1 + P_2$。继而，$P_1 + P_2$构成的柄发生转向，使得P_2与I'或与I''相接触；记与P_2相接触的为B，另一个为A。现在整体呈长斜方形，大致上AP_2就是前后轴，BP_1是背腹轴。再下一次分裂沿 36

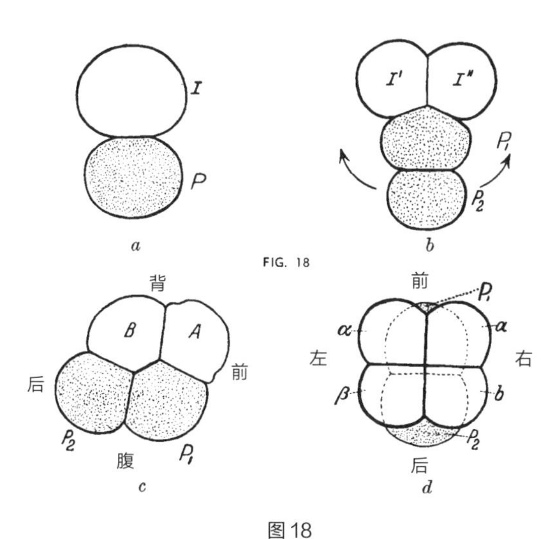

图18

着与A和B接触面相垂直的面进行，把A分裂成$a+\alpha$，把B分裂成$b+\beta$，这才决定了左和右。这一构型再有一丁点的改变就会破坏这种左右对称性。这就提出了一个问题：先确定了前后又确定了左右的这两个连续动作是偶然事件呢，还是说卵细胞在单细胞阶段就含有特别因素确定了这两个动作的方向？对于蛔虫属来说，支持后一种说法的镶嵌卵假说似乎更恰当。

我们已经知道有多种基因型反转（genotypical inversion），即两物种的基因构型的关系犹如对映晶体的原子构型。不过，更为常见的是表型反转（phenotypical inversion）。左撇子就是其中一例。我们再来举一个更有趣的例子。属于甲壳纲的几种龙虾具有两个形态和功能都不同的螯，一个较大（A），一个较小（a）。假设对于正常发育的个体来说，右边的螯为A。如果我们切除幼体右边的螯，就会出现反向再生（inversive regeneration）：左边的螯发育成较大的形态A，而右边螯的位置上会再生出一个a形态的小螯。由此及类似的情况可以看出原生质的两性潜势（bipotentiality），即具有某种非对称性特征潜能且具有繁殖能力的所有组织都有实现两种形态的潜力；不过正常发育时总是只发育一种形态，或左或右。究竟发育成哪种形态由基因决定，但反常的外部环境会导致反转。在反向再生这一奇特现象的基础上，路德维希提出了下列假说：不对称性中的决定因素可能并不是像发育成“A型右螯”这样的特定潜能，而是在生物体中沿某种梯度分布的R和L（右和左）的两种动因，其中一种的浓度从右到左逐渐降低，另一种的浓度梯度则相反。这里的关键点是，不只存在一个梯度场，而是有两个相反的梯度场R和L。基因决定了哪个梯度场的强度更大。但是，如果占优势的动因遭到破坏，那么先前受到抑制的另一动因就变成主要动因，于是就发生反转。这里，我以数学家而非生物学家的身份极其谨慎地讨论上述内容；在我看来，这些内容纯属假说。但是，左和右的差别显然与生物体的系统发育以及个体发育最深层次的问题有关。

38

第二章

平移、旋转及相关对称性

现在我们来讨论其他类型的几何对称性。即使在讨论左右对称性的时候，我也忍不住偶尔讨论一下其他对称性，比如柱对称性和球对称性。我们最好先给出一些基本概念的精确定义，这需要一些数学知识，希望读者能耐心阅读。前面已经谈到过变换。空间映射S把空间中每一点p与它的像p'对应起来。恒等映射I是这种映射的一个特例，它将每一点p映射为自身。给定两个映射S、T，可以先进行其中一个再进行另一个：如果S将p映射为p'，T再将p'映射为p''，那么复合映射则将p映射为p''，记该映射为ST。映射S可能有一个逆映射S'，使得$SS' = I$且$S'S = I$。换言之，如果S将p映射为p'，那么S'则将p'映射为p；先进行S'映射操作再进行S映射操作会有类似的效果。在第一讲中我称这种一对一的映射S为变换；现在我们把相反的变换标记为S^{-1}。当然，恒等映射I也是一个变换，且它是自己的逆变换。作为左右对称性的基本操作，平面反射的迭代SS会得到恒等映射。换言之，平面反射是其自身的逆映射。一般来说，映射的组合是不满足交换律的，ST与TS并不一定相同。比如，取平面上一点o，令S为水平平移映射，它将o平移至o_1；而映射T表示绕o点旋转90°，那么ST就把o变换至o_2（图19），但TS却将o变换至o_1。如果S具有逆变换S^{-1}，那么变换

S^{-1}的逆变换为S。两个变换的组合ST仍是变换，且$(ST)^{-1}$等于$T^{-1}S^{-1}$（注意这里的次序！）。你们都很熟悉这一规则，虽然可能并不熟悉它的数学表达式。穿衣服时，顺序并非无关紧要，总是先穿衬衣后穿外套；而脱衣时顺序正好相反：先脱外套后脱衬衣。

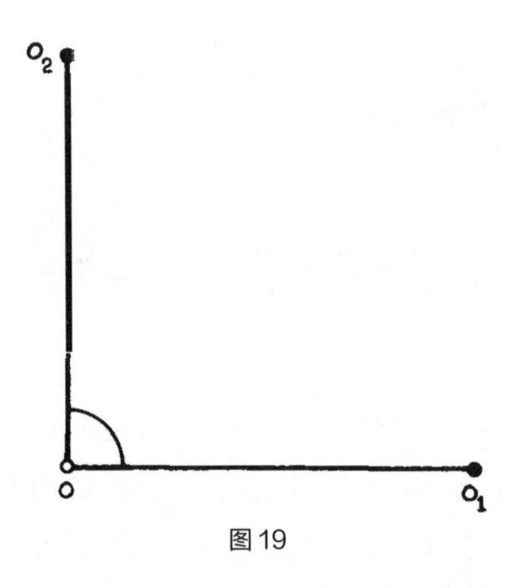

图19

我还讲过一类特殊的空间变换，即几何学家所谓的相似（变换）。但是我更喜欢把它们称为自同构，并采用莱布尼茨的定义——保持空间结构不变的变换。就目前的讨论来说，何种空间结构并不重要。从自同构的定义来看，显然恒等变换I就是一个自同构，而且如果S是自同构，则其逆变换S^{-1}也是自同构。另外，两个自同构S、T的复合映射ST仍是自同构。将上述几点换个说法：（1）每个图形都与自身相似；（2）如果图形F'相似于图形F，则F也相似于F'；（3）如果F相似于F'，且F'相似于F''，则有F相似于F''。数学家们用“群”这个词来描述这种情况：自同构构成一个群。变换的任何总体，即变换的任何集合Γ只要满足下列条件就构成一个群：（1）恒等变换I属于Γ；（2）如果变换S属于Γ，则其逆变换S^{-1}也属于Γ；（3）如果变换S和T都属于Γ，则其复合变换ST也属于Γ。

42

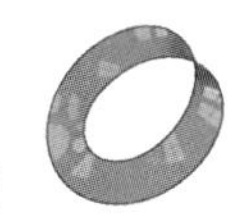

有一种通过全等（congruence）的概念来描述空间结构的方法，牛顿和亥姆霍兹都很喜欢。比如同一刚体在不同位置时所占据的两部分空间 V 和 V'，就是空间的两个全等部分。如果将此刚体从某位置移动到另一位置，则刚体中占据 V 中点 p 处的粒子将占据 V' 中的点 p'，因此移动的结果就是建立了从 V 到 V' 的映射 $p \to p'$。我们可以真实地，也可以在想象中扩展该刚体，从而占据空间中任一给定点 p，这样，全等映射 $p \to p'$ 便可扩展至整个空间。任何这种全等变换（congruent transformation）——可以证明，它有逆变换 $p' \to p$，所以我才称之为变换——都是相似变换或自同构；从它们各自的概念可以很容易看出这一点。而且，可以证明，全等变换构成一个群，自同构群的一个子群。更详细的讨论如下：相似变换中存在一类并不改变物体尺寸大小的变换；现在就称这些变换为全等。全等可能是真的（proper），即将左螺旋变换为左螺旋，右螺旋变换为右螺旋；也可能是非真的（improper）或反射的（reflexive），即将左螺旋变为右螺旋，将右螺旋变为左螺旋。真全等就是刚才我们所说的将移动前后刚体上各点的位置关联起来的全等变换。出于简便，我们现在称之为（几何意义上而非运动学意义上的）移动，并称非真全等为反射。这里沿用了一个最重要例子的叫法：平面反射，即物体变换为自身的镜像。于是我们就有了下述序列：相似 → 全等 = 尺寸大小不变的相似 → 移动 = 真全等。全等构成了相似的一个子群，移动又构成了全等的一个指数为 2 的子群。“指数为 2”的意义如下：如果 B 是任意非真全等，则将 B 与所有可能的真全等 S 组合成复合全等 BS，便得到了所有的非真全等；因此整个全等群一分为二：前一半为真全等，后一半为非真全等。但只有前一半构成一个群；因为两个非真全等 A、B 的复合 AB 是真全等。

43

保持 O 点固定不变的全等可称为绕 O 点的*旋转*；进而有真旋转和非真旋转。绕给定中心 O 的所有旋转构成一个群。最简单的

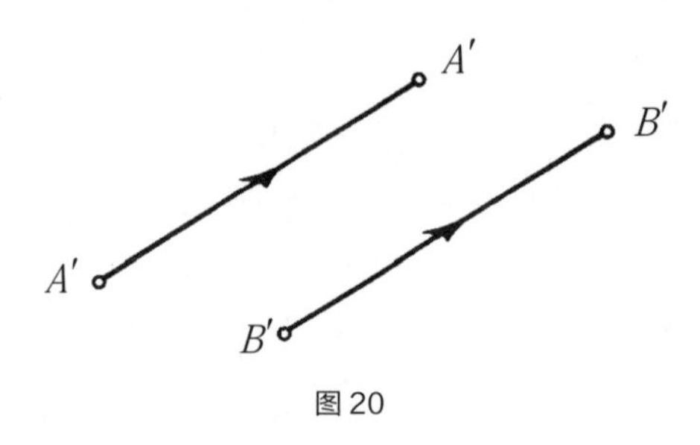

图20

全等是平移。平移可以用向量 $\overrightarrow{AA'}$ 表示，因为如果平移将点A移动至A'，将点B移动至B'（图20），则BB'与AA'具有相同的方向和长度，换句话说，向量$\overrightarrow{AA'}=\overrightarrow{BB'}$。[1]所有的平移构成一个群；事实上相继进行的两个平移$\overrightarrow{AB}$和$\overrightarrow{BC}$得到平移$\overrightarrow{AC}$。

44

所有这些与对称性有什么关系呢？它们提供了定义对称性所需要的数学语言。对于给定的空间构型$\mathfrak{F}$来说，保持$\mathfrak{F}$不变的空间自同构构成了一个群Γ，而且该群精确地描述了$\mathfrak{F}$所拥有的对称性。空间本身具有对应于所有自同构、所有相似构成的群的全部对称性。空间中任意图形的对称性由该群的一个子群来描述。现在来举例说明。图21是浮士德博士用来诅咒魔鬼靡菲斯特的著名的五角星形。在五个绕中心O的真旋转（每个旋转的角度为360°/5的整数倍，包括全等变换）的作用下，以及在沿中心O与各顶点的连线进行的反射变换的作用下，该五角星均保持不变。这十个操作构成了一个群，并且告诉了我们五角星形所具有的对称性。因此，用任何自同构群来替代平面上的反射，才能把左右

45

---

1. 线段只有长度，而向量既有长度也有方向。向量实际上就是平移，尽管二者叫法不同。平移$\boldsymbol{a}$将点A变换至A'可以说成向量$\boldsymbol{a}=\overrightarrow{AA'}$；“平移$\boldsymbol{a}$将点$A$变换至$A'$”可以表达为“起点为$A$的向量$\boldsymbol{a}$的终点为$A'$”。如果将点$A$变换至$A'$的平移将$B$变换至$B'$，则可以说相同的向量以$B$为起点，以$B'$为终点。

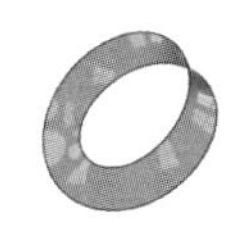

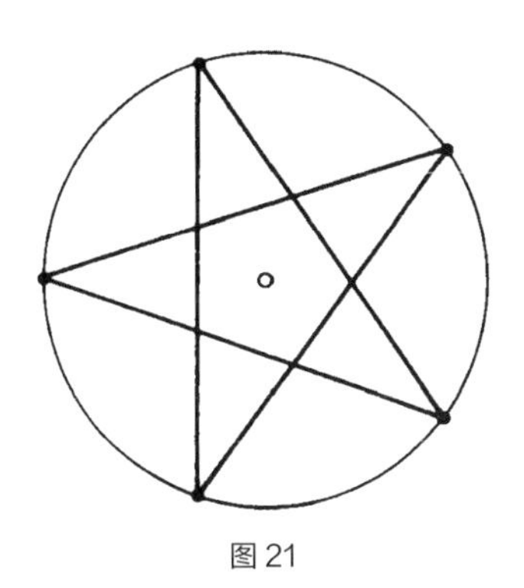

图 21

对称性自然地泛化至这种更广泛几何意义上的对称性。平面上圆心为 O 的圆具有由所有平面旋转构成的群所描述的对称性，空间中球心为 O 的球具有由所有空间旋转构成的群所描述的对称性。

如果图形 $\mathfrak{F}$ 并不延伸至无穷远，则保持该图像不变的自同构必须保持尺寸不变，所以是一个全等，除非该图形仅由一个点构成。简单证明如下：如果某自同构保持图形 $\mathfrak{F}$ 不变，却改变图形的尺寸，则该自同构或它的逆变换应使所有的一维尺寸以某个比例 a 增大（而非减小），这里 $a > 1$。该自同构记为 S，并设 α、β 是图形 $\mathfrak{F}$ 上两个不同的点，二者相距 $d > 0$。对变换 S 进行迭代，有：

$$S = S^1,\ SS = S^2,\ SSS = S^3,\ \cdots$$

n 次迭代后的变换 S^n 将 α、β 变换为图形中的两个点 α_n、β_n，后两者之间的距离为 $d \cdot a^n$。随着幂指数 n 的增大，该距离趋向于无限大。但是，如果图形 $\mathfrak{F}$ 是有界的，则存在一个数 c，使得 $\mathfrak{F}$ 中任意两点间距都不大于 c。所以，当 n 大到 $d \cdot a^n > c$ 时，就出现矛盾了。这一论证还证明了：任意自同构的有限群均只由全等构成。这是因为，如果它包含一个以比率 $a > 1$ 放大一维尺寸的变换 S，则该群中无限多个迭代 S^1，S^2，S^3，…都不相同，因为它们放大的比例 a，

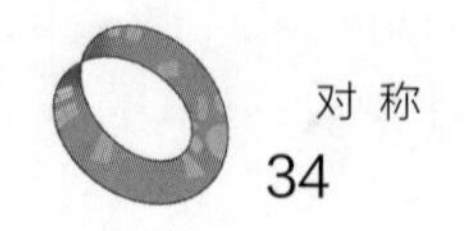

a^2, a^3,⋯ 都不一样。基于这些原因，我们应当只考虑由全等构成的群——尽管我们还要讨论像饰带之类实无限或潜无限的构型。 46

在作了这些数学铺垫之后，现在我们来讨论几个在艺术领域或自然界中具有重要意义的特殊对称群。那个定义了左右对称性、镜像反射的操作，本质上是个一维操作。直线可以为位于其上的任意点O所反射，该反射将点P变换为位于O点另一侧且到O点距离与之相等的点P'。这样的反射是一维直线仅有的非真全等，而平移是其仅有的真全等。相对于O点进行反射之后再进行平移操作OA，则得到相对于线段OA的中点A_1的反射。饰带艺术中存在一种“无限和谐”，即图案按照一定的空间规律重复，这可以用在平移$\boldsymbol{t}$下保持不变的图形来说明。在平移t下保持不变的型式，在迭代平移$\boldsymbol{t}^1$、$\boldsymbol{t}^2$、$\boldsymbol{t}^3$ ⋯ 下也保持不变，更不用说恒等平移$\boldsymbol{t}^0 = I$了；在平移$\boldsymbol{t}$ 的逆变换$\boldsymbol{t}^{-1}$及其迭代$\boldsymbol{t}^{-1}$、$\boldsymbol{t}^{-2}$、$\boldsymbol{t}^{-3}$ ⋯ 下也保持不变。如果直线在$\boldsymbol{t}$的作用下移动了$\boldsymbol{a}$，则在$\boldsymbol{t}^n$作用下的移动量为：

$$n\boldsymbol{a} \qquad (n = 0, \pm 1, \pm 2, \cdots)$$

所以，如果我们用所产生的移动$\boldsymbol{a}$来表征平移$\boldsymbol{t}$，相应地就应该用$n\boldsymbol{a}$来表征$\boldsymbol{t}$的迭代或幂$\boldsymbol{t}^n$。从这一意义上来说，将直线上的无限和谐型式仍变换为其自身的所有平移，是基本平移$\boldsymbol{a}$的整数倍$n\boldsymbol{a}$。这种规律重复也可以与反射对称性结合起来。果真这样做的话，则所有平移的一半，即$\boldsymbol{a}/2$处均为反射的中心。对于一维型式或饰带来说，只可能存在如图22所示的这两种对称性（其中叉号“×”表示反射的中心）。 47

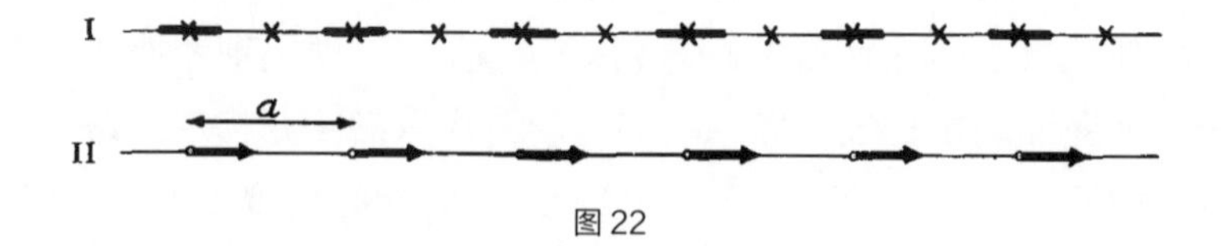

图22

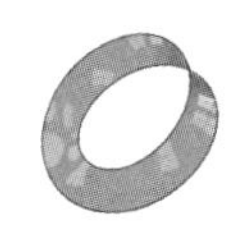

图23

图24

当然，真实的饰带并不是严格一维的，但是它们的对称性（就我们描述过的而言）至今只用到了它们长度方向上的维度。这里有一些古希腊艺术的简例，第一幅图（图23）是一种很常见的图形——棕榈叶，它属于Ⅰ类（平移＋反射）；第二幅图（图24）不存在反射对称性（Ⅱ类）；图25是位于苏萨城的大流士王宫中的弓箭手雕像，属纯粹的平移对称，饰有属于纯粹平移的波斯弓箭手的图案，不过应该注意到的是，基本的平移单元为相邻弓箭手间距的两倍，因为弓箭手的服饰是交替变换的。

我们再来看一下蒙雷阿莱大教堂中的《耶稣升天图》（图10），不过这次要注意的是它周边的带状装饰图案。其中最宽的一条，

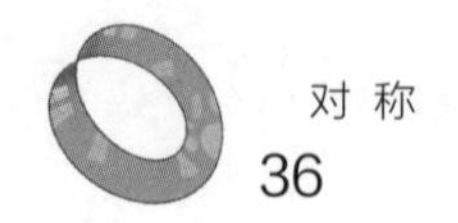

图25

图26

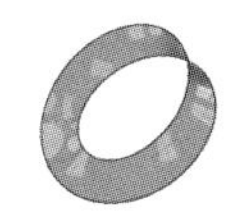

仅仅通过树状图案外轮廓的重复来体现平移对称性，但每个树状轮廓均填充了不同的二维对称图案，后来考斯莫迪（Cosmati）也采用了这一特殊技法。威尼斯的道奇宫（图26）可以说是建筑学中平移对称性的代表。类似的例子数不胜数。

49

如前所述，饰带图案实际上是沿中心线分布的二维带状图案，还存在横向上的另一维度，所以还可能存在更多的对称性。图案可能在沿中心线l的反射下保持不变；我们称之为纵线反射，以区别于沿垂直于l的直线进行的横线反射，或者说图案在纵线反射外加$a/2$的平移变换作用下保持不变（纵线平移反射）。饰带中常见的元素是线、弦或某种形式的辫状物，即一条线在空间中交织穿插另一条线（因此有一部分不可见）。接受了上述解释，就可以作进一步的操作，比如，饰带沿某个面的反射会把位于该面上方的线变换至面的下方。所有这些均可像本书前言中提到的施派泽所著的《有限阶群论》中某一节那样，用群论来作透彻的分析。

50

在有机界，左右对称性往往比较规则，平移对称性的规则程度则差很多。生物学家称生物的平移对称性为分节现象。枫树的芽枝和二列安格兰（Angraecum distichum，图27）的芽枝可做参考。[2]对于二列安格兰的芽枝来说，平移与纵线平移反射并存。当然分节并不会无限延展下去（饰带的对称形式也不会），但我们可以说有可能在一个方向上趋于无穷，因为随着时间的推移，新芽长出后会形成新的枝节。歌德曾说过，脊椎动物的尾巴暗示着生物体具有潜无限性。图28所示的蜈蚣的中心部分具有相当规则的平移对称性，并伴有左右对称性，两种对称性的基本操作分别为单节平移和纵线反射。

---

2. 本图及下图均取自《大学校》（*Studium Generale*，第249页和第241页，W. Troll的文章《生物界的对称性》）。

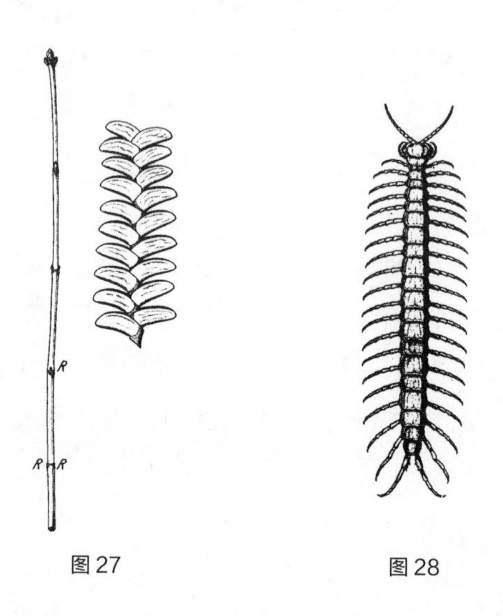

图27　　图28

在一维时间上等间隔的重复就产生了音乐的节拍。也可以说，芽枝的生长把缓慢的时间节拍转化成了空间节律。反射，即时间上的反演，在音乐中所起的作用远小于节拍。如果把音乐逆序演奏，其风格将大大改变；而且，我这个音乐菜鸟很难识别出赋格曲中所用的反射；显然，反射产生不了节拍那种自然的效果。所有的音乐家都认为，音乐的情感基础产生于严格的规则要素。或许可以对它做某种数学处理，就像对装饰艺术的成功应用那样。不过，我们可能还没有发展出合适的数学工具。这并不奇怪；毕竟古埃及人对装饰艺术的熟练运用，比数学家发现群概念中适于处理该艺术（并推导出可能的对称类）的数学工具早了四十年。对装饰艺术的群理论很感兴趣的施派泽，也试图把数学上的组合原理应用到音乐的形式问题上来。他的书中就有一章题为《数学思维方式》[3]，其中就分析了贝多芬的《钢琴奏鸣曲》（作品28号），还提到了阿尔弗雷德·洛伦兹（Alfred Lorenz）对理查德·瓦格

---

3. "*Die mathematische Denkweise*," Zurich, 1932.

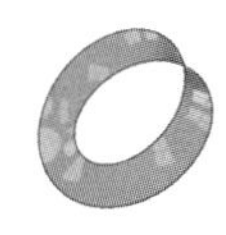

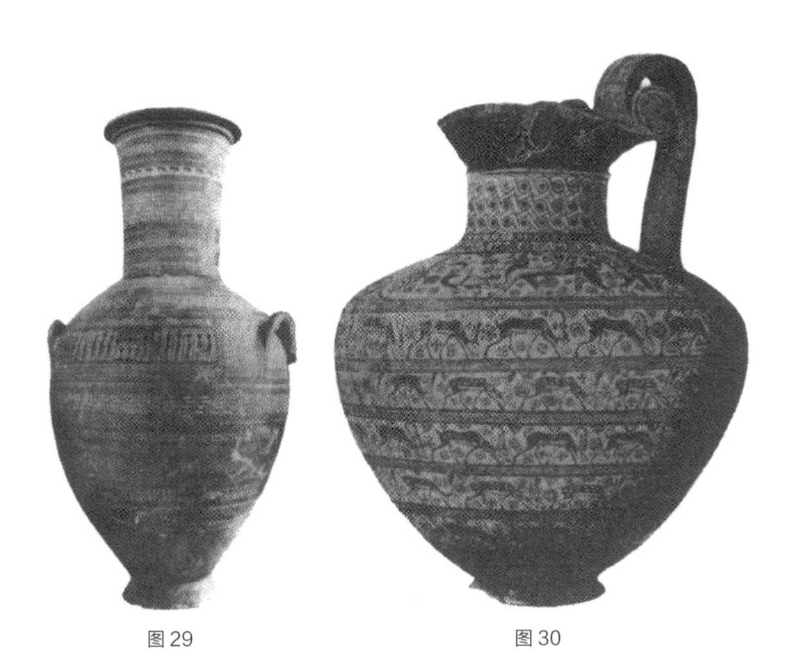

图 29　　图 30

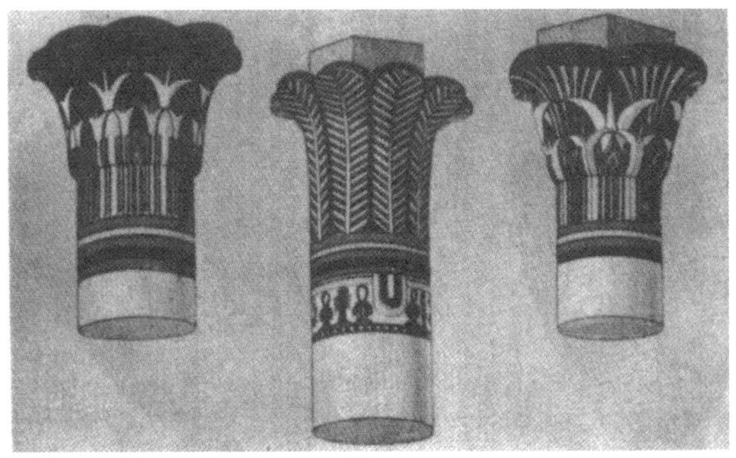

图 31

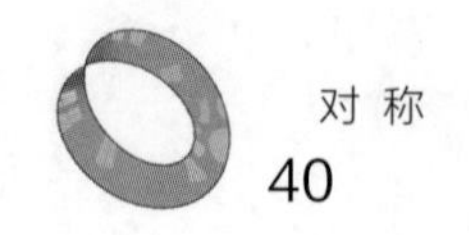

纳(Richard Wagner)的主要作品格式结构的研究。诗歌的韵律也密切相关，且如施派泽所说，这方面的科学研究更为深入。音乐和诗歌韵律似乎有一个共同原则，即通常被称为小节的结构形式 $a\,a\,b$: a为重复的主体，然后是“尾节” b; 古希腊诗歌中先是左舞诗、右舞诗，然后是抒情诗。但这种结构形式难以归为对称性。[4]

52

现在回过头来考虑空间中的对称。取一条由长度为a的图案不断接续构成的饰带，把它绕在一个周长为a的整数倍(比如说$25a$)的圆柱面上，这样得到的图案绕圆柱的轴转动$\alpha = 360°/25$或其整数倍后保持不变。接连转25次后转动的总角度为360°，或者说是恒等旋转。于是我们就得到了一个25阶有限旋转群，即由25个操作构成的群。圆柱可以用任何具有柱对称性的面，亦即在绕某一根轴的所有旋转下均保持不变的面(譬如说花瓶的表面)来代替。图29是一只几何时期*的雅典式花瓶，展示了多种这类简单装饰图案。图30是一个公元前7世纪爱奥尼亚派的罗德式水罐，虽然其风格已不再是几何式的了，但其对称原则还是一样的。图31所示的柱顶实例也同样来自古埃及。绕平面上一点O或绕空间中一轴的真旋转所构成的任意有限群，均包含一个基本旋转$\boldsymbol{t}$，它转过的角度是完整旋转360°的整除部分$360°/n$，且该群由这一基本旋转的迭代$\boldsymbol{t}^1$，$\boldsymbol{t}^2$，$\cdots$ $\boldsymbol{t}^{n-1}$，$\boldsymbol{t}^n = I$组成。阶数n完全表征了该群。这一结果可由下述事实类比得出：直线的任意平移群均由单个平移$\boldsymbol{a}$的迭代$v\boldsymbol{a}$组成($v = 0, \pm 1, \pm 2, \cdots$)，只要除恒等平移之外该群并不包含能任意接近于恒等的平移。

53

54

内部建筑装饰我们可以参考巴尔多博物馆的木制圆顶(图32)；这座博物馆过去曾是突尼斯大公们的宫殿。下一幅图(图33)把

---

4. 可对照参考第1章注1所引用的G. D. Birkhoff关于诗歌和音乐之数学的两部著作。
* 译注：公元前900年至公元前700年。之所以有此称谓，据说是因为这一时期出土的彩陶失去了迈锡尼时代生动的造型与流畅的线条，代之以简单、质朴的几何图形。

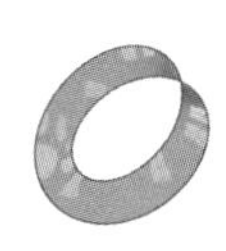

图 32

我们带往比萨市中心一座顶上立有小小的施洗者约翰雕像的洗礼堂，从图上可以看出，洗礼堂外面有6条对称阶数n不同的旋转对称装饰带。加上比萨斜塔你会理解得更透彻；比萨斜塔有六层柱廊，它们具有相同阶数的旋转对称性。再回到圆顶本身，其中殿外面饰有具有平移对称性的柱子和雕带，而圆顶上面的塔则围有具备高阶旋转对称性的柱廊。

55

站在德国美因茨罗马式教堂唱诗班的背后看到的场景（图34），却给我们一种迥然不同的感受。尽管雕带上的圆拱存在着重复，小圆花饰存在着八等分中心对称性（$n = 8$，低于比萨洗礼堂数条装饰带的旋转对称阶数），而且塔还是3座，但左右对称性支配着整座建筑以及几乎所有的细节。

56

图33

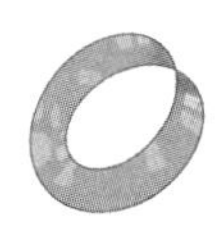

图34

图 35

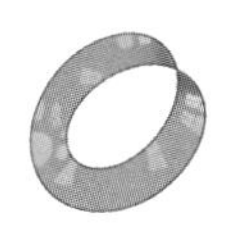

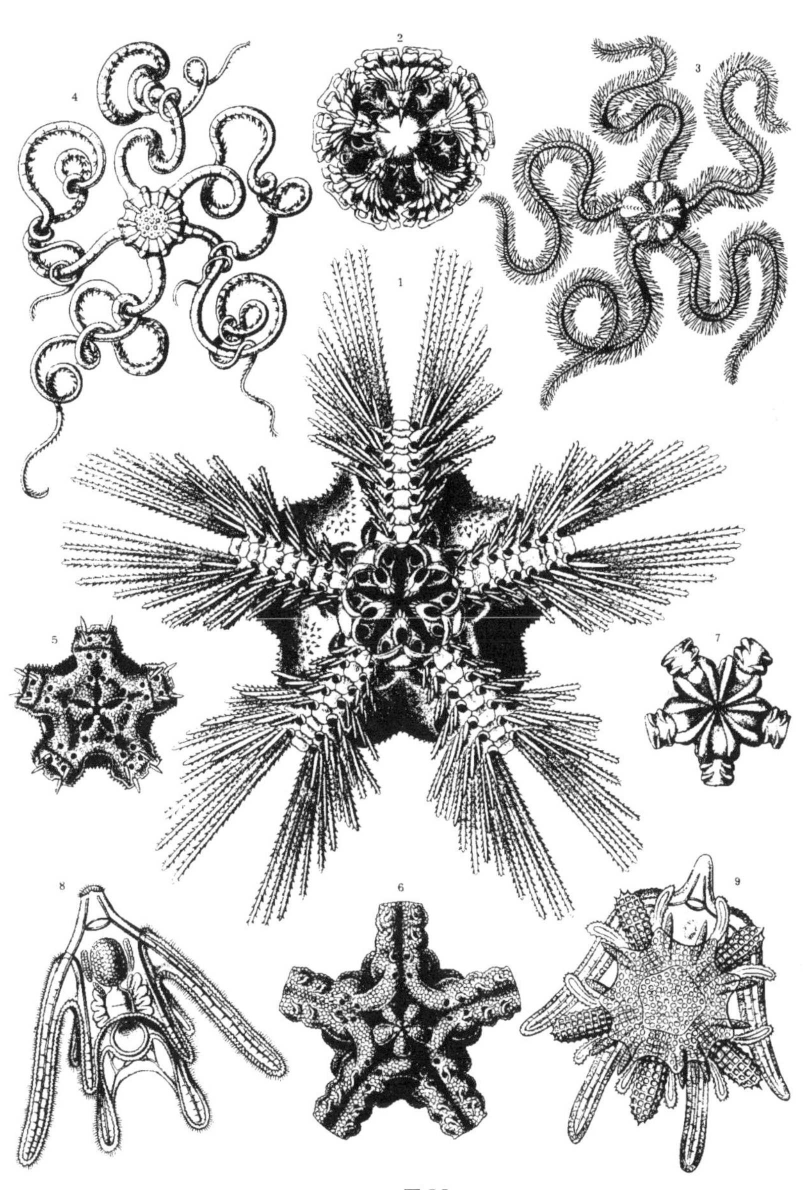

图 36

如果具有完全柱对称性的表面是垂直于对称轴的平面，就会具有最简单的循环对称性（cyclic symmetry）。这样我们就只需要研究这个具有中心O的二维平面。哥特式教堂里装有色彩斑斓的玻璃的大量圆花窗，就是具有这种中心平面对称性（central plane symmetry）的典型。印象中法国特鲁瓦市的圣皮埃尔教堂的圆花窗数量最多，它们都具有3的整数倍等分对称性。 57

花——大自然最优雅的孩子，也具有缤纷的色彩和循环对称性。图35是具有三等分对称性的鸢尾花。在花的世界里，五等分对称性最为常见。恩斯特·海克尔的《自然的艺术形态》中的这一页（图36）似乎表明，低等动物中也存在五等分对称性，且并不鲜见。但生物学家告诫我说，这些蛇尾纲（*Ophiodea*）棘皮动物（echinoderm）的外表具有一定的欺骗性；它们的幼体遵循的是左右对称性。对于同样出于该书的下一幅图（图37）则没有这样的异议；这是一只具有八等分对称性的圆盘水母（Discomedusa）。因为腔肠动物处于循环对称阶段，还没有进化到左右对称阶段。海克尔这部非凡之作确实是关于自然界中对称性的一部经典，书中大量细致入微的图片展示了他在有机体形态方面所做的工作。对于生物学家海克尔来说，同样具有启发意义的还有他的《挑战者号专著》（*Challenger Monograph*）一书中收录的成千上万张图片。在这部专著中他首次描述了在1887年“挑战者号”探险中发现的3508种放射虫新物种。相较于这位热切的达尔文进化论追随者所热衷的通常充满臆测成分的系统发育学说，以及相当浅陋的一元论唯物主义哲学（在19～20世纪之交的德国曾非常流行），我们更应该记住的是他所取得的这些成就。 58

说到水母，我忍不住要引用达西·温特沃斯·汤姆逊的经典著作《论生长与体形》中的几句话；这是英国文学中的一本名著，糅合了作者深厚的几何学、物理学和生物学功底，及其渊博的古

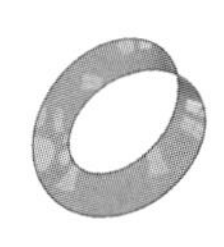

图 37

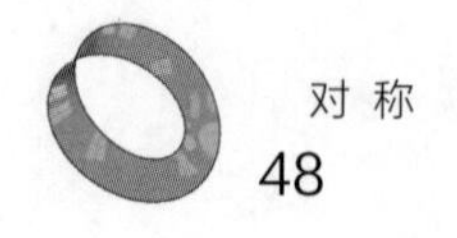

典文化学识和非凡的科学洞察力。汤姆逊介绍了用悬滴实验来模拟水母的形成： 60

“活水母具有明显而规则的几何对称性，暗示着这一小生物的成长和构造过程中有某种物理或化学的因素在起作用。起初它必然呈涡旋铃铛状或伞状，且具有对称的柄状结构。伞状结构上分布着径向管道，数目为四或四的倍数；其边缘有以一定间隔分布的光滑触手，或尺寸渐次变化的串珠；而且某些感觉结构，包括固结物或‘耳石’也呈对称分布。一旦形成它就开始摆动；铃铛开始‘响起’。幼体，即母体的小型复制品，往往出现在触手或柄状结构上，有时也会出现在铃铛边缘；看起来就像一个旋涡生出了其他旋涡。由此看来，研究类水母体的发育时也不应预设立场。比如，微小的类水母体薮枝螅（*Obelia*）就是这样迅速而完美地诞生出幼体的。这种完美表明，幼体的诞生是一种自发且近乎瞬时的构造过程，而不是渐进的生长过程。”

虽然在有机界中五角对称性很常见，在无机界具有最完美对称性的晶体中却找不到这种对称性。除了2、3、4和6这四种阶数，不可能存在其他阶数的旋转对称性。雪花是最常见的六角对称性晶体。图38展示了部分这种固态水小奇迹。年轻时，每当圣诞期间雪花从天而降覆盖大地，总能给老老少少带来欢乐。现在只有滑雪的人才喜欢它；对于有车一族来说，雪花已成了一种烦恼。如果熟悉英国文学，你应该会记得托马斯·布朗爵士（Sir Thomas Browne）在《居鲁士的花园》（*Garden of Cyrus*，1658）一书中对六角对称和“五点梅花”对称所作的独特评价：“确实简单利落地表明了大自然如何通过形状来保持万物中的秩序”。熟悉德国文学的读者会想起托马斯·曼（Thomas Mann）在《魔 63

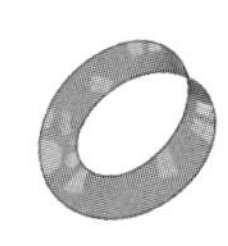

图 38

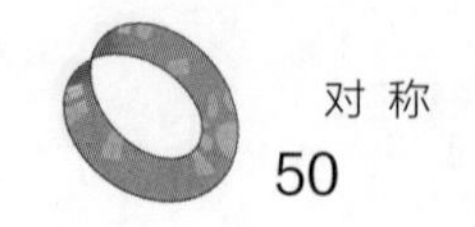

山》(*Magic Mountain*)[5]一书中如何描述暴风雪的“六出伤害”:筋疲力尽的主人公汉斯·卡斯托普(Hans Castorp)靠着谷仓昏然入睡，做着关于死和爱的幻梦，暴风雪几乎要了他的命。就在一个小时前，汉斯踩着滑雪板出发进行这趟没谱的探险时，他还享受着这雪花的飞舞，“在这无数迷人的小星星中，在它们细微得人类肉眼无从发现的美妙之中，没有一片雪花与另一片相同；一种无穷尽的创造力支配着同一种基本结构——等边等角六边形——的形成和令人难以置信的千变万化。然而每一个个体都是完全对称的，形态上完全规则——每一个都具有这种神秘的、反有机、逆生命的特征。它们太过规则，任何适于生命的物质都达不到这种程度的规则性——生命的根基在这种绝对精确面前瑟瑟发抖，因为感受到了它的致命，发现它就是死亡之本——此刻汉斯·卡斯托普懂得了古代建筑师为何要在柱状结构的完全对称中有目的地、偷偷地加入一些细微的变化。”[6]

64

至此，我们只考虑了真旋转。如果也考虑非真旋转，对于平面几何中绕中心O的旋转来说，就存在下面两种可能的有限群(分别对应于前述两种直线装饰对称性):(1)由旋转角度为360°的整数分之一$\alpha = 360°/n$的单个真旋转的重复构成的群;(2)这些旋转和相对于与之相差$\alpha/2$的直线进行的反射的复合构成的群。我们称第一个群为循环群C_n，第二个群为二面体群D_n。所以在二维情况下，可能存在的中心对称为:

$$\begin{aligned} &C_1, C_2, C_3, \cdots; \\ &D_1, D_2, D_3, \cdots \end{aligned} \qquad (1)$$

---

5. 这里我引用了海伦·劳-波特(Helen Lowe-Porter)的译本，Knopf, New York, 1927年和1939年。
6. 丢勒将其人像标准视为偏离的基准而非力争达成的目标。维特鲁威的《温度》似乎有相同的意味。第一章注1引用的波利克里托斯的话中，“基本”一词或许也指向同一方向。

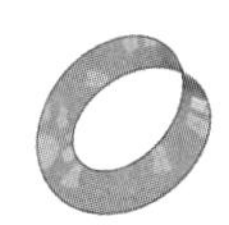

C_1意味着不存在对称性，D_1意味着只存在左右对称性。建筑中盛行的是4阶对称性，塔状建筑常常具有六角对称性，但具有6阶对称性的主建筑物就少多了。中世纪以来的第一座纯粹的主建筑物是佛罗伦萨的圣天使玛利亚大教堂（S. Maria degli Angeli，始建于1434年），呈对称八边形。对称五边形建筑非常罕见。1937年我在维也纳讲解对称性时曾说过，我只知道一座五边形建筑，而且还很不显眼，这就是从威尼斯穆拉诺岛上的圣米歇尔教堂（San Michele di Murano）到六边形的埃米利亚纳教堂（Capella Emiliana）之间的走廊。当然，现在华盛顿有了五角大楼，它的规模和独特的外形为轰炸机提供了一个醒目的地标。达芬奇曾系统地研究过主建筑物可能存在的对称性，以及如何在不破坏该对称性的情况下为其附上小教堂和壁龛。用抽象的现代术语来说，达芬奇的成果本质上就是上述可能的二维旋转有限群（真或非真）。

至此我们考察过的平面旋转对称总伴随着反射对称；我已经向大家介绍了不少二面体群D_n，但更简单的循环群C_n的例子还不曾举过。这并非故意。图39是两朵花，天竺葵（*Geranium*，Ⅰ）有对称群D_5，草本蔓长春花（*Vinca herbacea*，Ⅱ）有更严格的群C_5，因为它的花瓣不对称。图40展示的或许是最简单的旋转对称图形——三臂架（$n = 3$）。想去除同时出现的反射对称性的话，只需给所有的臂都加上小标记即可，这样就得到了三边万字饰——一种古老的巫术符号。比如，古希腊人就在它的中心加上美杜莎头像作为呈三角形的西西里岛的标志。[数学家对它很熟悉，因为它是《巴勒摩数学会报告》（*Rendiconti del Circolo Matematico di Palermo*）封面上的印章。]再增加一条臂就成了“卍”字饰——人类最古老的符号之一。许多看起来相互独立的文明都使用过这一符号。1937年秋，就在希特勒的大军占领奥地利之前不久，我在维也纳讲对称时曾就这一符号补充道：“在我们

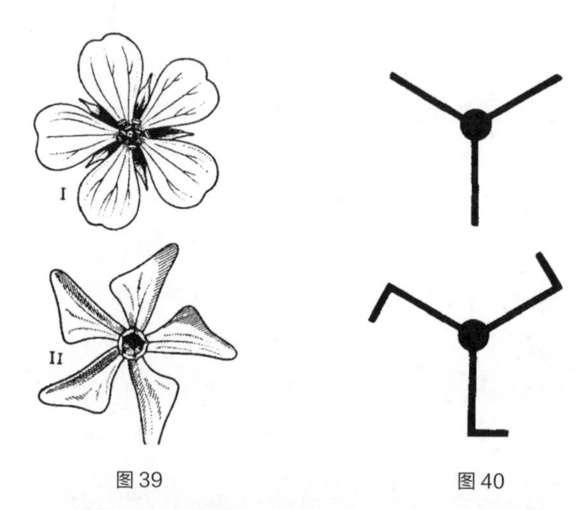

图39　　图40

图41

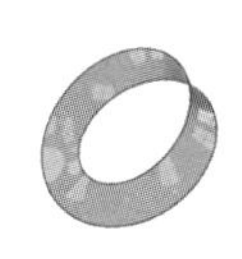

的时代，它已经成了恐怖的象征，比缠绕着毒蛇的美杜莎头像更恐怖。”——现场顿时爆发出一阵掌声兼嘘声。看起来这类符号的魔力源于它们令人震惊的非完全对称性，即只具有旋转对称性而不具有反射对称性。图41是维也纳圣斯特凡大教堂讲道坛上精心设计的楼梯，三边万字饰和“卍”字饰交替出现。

67

关于二维旋转对称性就介绍这么多。如果讨论的是像带状饰物那样有可能趋于无限的图案，或者无限群，那么保持图案不变的操作就不一定是全等（congruence），也可以是相似（similarity）。一维条件下的相似，如果不是平移的话，会有一个固定点 O，并相对于 O 点以某种比例 $a:1$ 的伸缩 s。其中 $a \neq 1$，不必限制 $a > 0$。这种操作的无限迭代构成了群 Σ：

$$s^n \quad (n = 0, \pm 1, \pm 2, \cdots) \tag{2}$$

图42所示的佛塔锥螺（*Turritella duplicata*）的壳，是这种对称性一个很好的例子。每一节螺壳的宽度严格按照比例逐渐放大，精确度惊人。

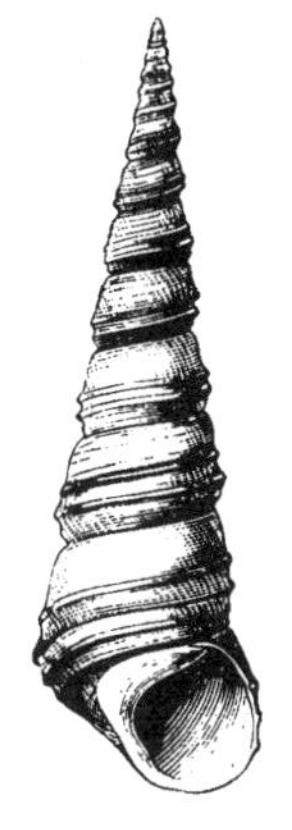

图 42

有些时钟的指针作连续的匀速旋转，有些时钟的指针则一分钟一分钟地跳动。整数分钟的旋转构成了所有旋转的连续群中一个不连续的子群，而且自然可以认为旋转 s 及其迭代（2）包含在该连续群中。我们可以把这种观点应用于一维、二维或三维条件下的任何相似，事实上也可以应用于任何变换 s。空间填充物质——“流体”——的连续运动在数学上可以通过变换 $U(t, t')$ 来描述，这里 $U(t, t')$ 将流体中任意一点在 t 时刻的位置 P_t，变换至 t' 时刻的位置 $P_{t'}$。如果 $U(t, t')$ 只依赖于时间差（$t' - t$），则 $U(t, t') = S(t' - t)$，也就是说，相等的

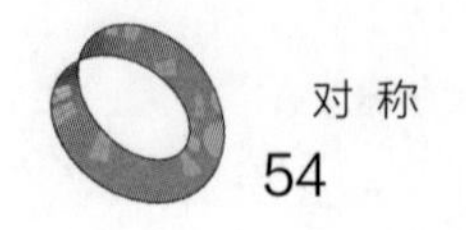

时间间隔内总是重复相同的运动，则变换就构成了单参数群。此时，流体作“匀速运动”。而简单的群法则 68

$$S(t_1)S(t_2)=S(t_1+t_2)$$

意味着，发生在两个相继时间间隔t_1、t_2的运动结果等于发生在时间间隔（t_1+t_2）的运动。1分钟运动的结果为确定的变换$s=S(1)$，而对于所有的整数n来说，n分钟的运动$S(n)$就是迭代s^n。因此，由s的迭代构成的非连续群Σ就包含在由运动$S(t)$构成的以t为参量的连续群之中。我们可以说连续运动是由发生在同样长度的无限小连续时间间隔的相同无限小运动的无穷多次重复构成的。

我们已经将上述考虑应用于伸缩和平面圆盘的旋转。现在来考虑任意真相似s，即并不涉及左右互换的相似。如果假定它不是纯粹的平移，那么它就涉及一个固定点O，且由绕O点的旋转和以O点为中心的伸缩构成。它可以由一个把匀速旋转和放大组合起来的连续过程$S(t)$来实现，比如1分钟后到达$S(1)$。这一过程将不同于O的点沿所谓的对数螺线(logarithmic spiral)或等角螺线(equiangular spiral)移动。因而，该曲线与直线和圆周一样具有如下重要性质：通过相似变换的连续群能回归自身。瑞士巴塞尔大教堂里詹姆斯·伯努利(James Bernoulli)的墓碑上刻着等角螺线(*spira mirabilis*)，旁边的话“纵然变化，依然故我”(*Eadem mutata resurgo*)很文艺地说明了这一性质。直线和圆周是对数螺线的极限情况，分别对应于旋转加伸缩组合中前者或后者为恒等变换的情况。该过程在 69

$$t=n=\cdots,-2,-1,0,1,2,\cdots \tag{3}$$

时刻所达到的状态，构成了由迭代(2)组成的群。大家熟知的鹦

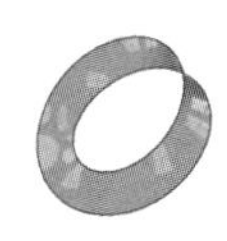

鹦螺（*Nautilus*）的壳（图43）就具有这种对称性，且完美得惊人。图中不仅可以看到连续的对数螺线，还可看出壳室的潜无限序列具有非连续群(2)所描述的对称性。图44是大向日葵（*Helianthus maximus*）的照片，可以看出，其小筒花自然地按对数螺线排列，且两组对数螺线沿相反的方向盘绕。

70

三维空间中最普通的刚体运动是螺旋运动(screw motion) s，由绕某轴的旋转和沿该轴的平移复合而成。在相应的连续匀速运动的带动下，任何非轴上一点的运动轨迹都是一条螺旋线；当然，该螺旋线与对数螺线一样，同样有资格说自己“依然故我”（*eadem resurgo*）。运动的点在等时间间隔(3)所到达的位置序列 P_n 等距离地分布在螺线上，就像旋转楼梯上的台阶。如果操作 s 的旋转角度是圆周角360°的分数倍，且该分数可表达为 μ/v，其中 μ 和 v 均为小整数，则序列 P_n 中相隔 v 的点就位于同一高度上，而螺旋转了 μ 周以后则会将 P_n 处的点移动至位于正上方的 P_{n+v} 处。树木嫩枝上生长的树叶常常呈这种规则的螺旋排列。歌德曾讲过自然界的螺旋倾向；且这种被称为叶序(*phyllotaxis*)的现象，自从查尔斯·邦内特(Charles Bonnet)时代(1754年)起就一直都是植物学家的主要研究方向。[6]人们发现，描述树叶的螺旋状排列的分数 μ/v，通常是斐波那契数列

71

$$1/1,\ 1/2,\ 2/3,\ 3/5,\ 5/8,\ 8/13,\ 13/21,\ 21/34,\ \cdots \qquad (4)$$

的成员，而斐波那契数列又来源于无理数（$\sqrt{5}-1$）/ 2的连分式展开。这个无理数就是黄金分割（*aurea sectio*）比率，在比

---

7. 汉毕奇（J. Hambidge）在书中也提到了这一现象。他在《动态对称》（*Dynamic Symmetry*）一书的第146—157页详细引用了数学家阿奇博尔德（R. C. Archibald）就对数螺线、黄金分割和斐波那契数列所作的介绍。

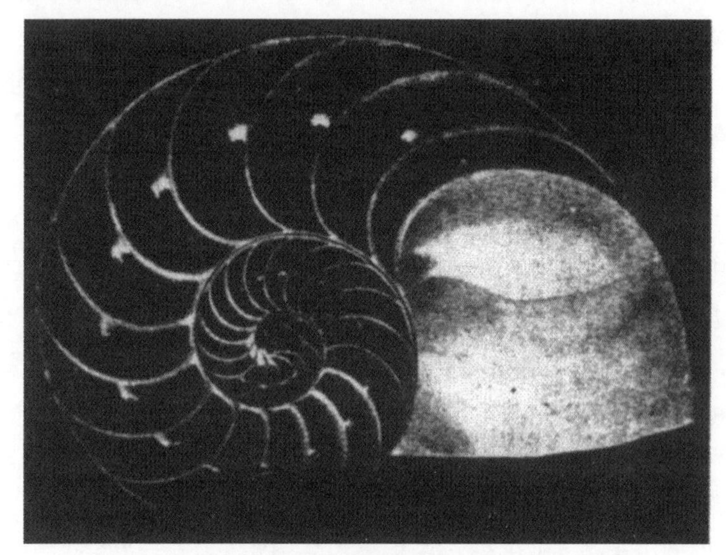

图 43

图 44

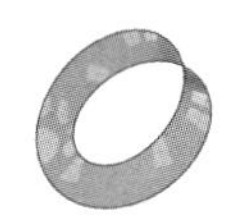

例美的数学化方面发挥着重要作用。螺旋线所缠绕的圆柱面可换成圆锥面，这就相当于将螺旋运动s替换为任意的真相似——旋转与伸缩的复合。冷杉球果的木质鳞片的排列，就属于叶序中稍微更一般的这种对称性。从带叶植物的圆柱形茎、冷杉球果的木质鳞片和大向日葵筒花的花序很容易看出从圆柱面到圆锥面再到圆盘的过渡。72 冷杉球果上木质鳞片的排列是检验(4)式中数字的最佳对象，但其符合度并不太高，且大的偏差也不鲜见。泰特（P. G. Tait）曾在《爱丁堡皇家学会会刊》（*Proceedings of the Royal Society of Edinburgh*，1872）上给过一个简单的解释，而丘奇（A. H. Church）则在长篇巨著《叶序与力学定律的关系》（*Relations of phyllotaxis to mechanical laws*, Oxford, 1901—1903）中介绍了隐藏在叶序算术里的一个生物体奥秘。我担心现代植物学家不像先辈们那样认真地对待叶序学说。

截至目前，除反射外，我们考虑的所有对称性均可用一个由操作s的迭代构成的群来描述。把s取为转角为一周的整数分之一$\alpha = 360°/n$的旋转时得到的群是有限的，这无疑是最重要的一种情况。对于二维平面来说，除这些群之外不存在其他真旋转有限群；可参考莱昂纳多的表(1)中的第一行C_1，C_2，C_3，…。具有相应对称性的最简单图形是正多边形：正三角形、正方形、正五边形……。对于每个$n = 3, 4, 5, \cdots$都对应存在一个正n边形，这与平面几何中对于每个n都存在一个阶数为n的旋转群这一事实密切相关。这两方面都很重要。而对于三维空间来说情况就大不相同：三维空间里不存在无限多的正多面体，事实上只有五个正 73 多面体，通常被称为柏拉图多面体（Platonic solids），因为它们在柏拉图的自然哲学中起着重要作用。它们分别是正四面体、正方体、正八面体、表面为12个正五边形的五角十二面体，以及由20个正三角形围成的正二十面体。有人可能会说前三个很稀松平常，但后面两个确实是数学史上最漂亮最奇妙的发现之一。可

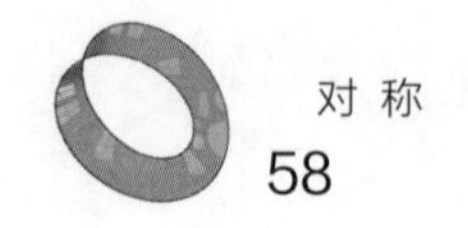

以相当肯定地说，后两者的发现可追溯至南意大利的古希腊殖民者，据说他们受西西里岛盛产的含硫矿石——黄铁矿晶体的启发，有了正十二面体的概念。但是，如前所述，正十二面体所特有的正五边形对称与晶体学的定律相矛盾；事实上，由黄铁矿结晶出的十二面体的五边形表面只有四条边长度相等。可能是西厄蒂特斯（Theaetetus）第一次精确构造出了正五边形十二面体。有证据表明，很久以前在古意大利就有人用正十二面体做骰子，且正十二面体在伊特鲁里亚文化中还有着某种宗教意义。柏拉图在对话录《蒂迈欧篇》（*Timaeus*）中，把正四面体、正八面体、立方体和正十二面体分别与火、气、土和水这四种元素按次序联系了起来。从某种意义上来讲，他在正五边形十二面体中看到了整个宇宙的影像。施派泽提倡过下述观点：构造这五个正多面体，是由古希腊人创立并由欧几里得在《几何原本》中奉为圣典的几何学演绎体系的主要目标。不过，这里我要提醒一下，古希腊人从未用过我们现代意义上的“对称”一词。*σύμμετρος*通常是成比例的意思，而在欧几里得几何中它却相当于现在的“可公度的”（commensurable）：正方形的边和对角线是不可公度的量，用古希腊语来表示即*ἀσύμμετρα μεγέθη*。 74

图45引自海克尔的《挑战者号专著》，展示的是几种放射虫的外骨骼。图中的2、3、5分别为八面体、二十面体和十二面体，其形式之规则着实令人惊讶；图中的4似乎只具有较低的对称性。 75

开普勒（Kepler）在1595年出版的《宇宙的奥秘》（*Mysterium cosmographicum*）一书中试图把行星系中的距离与交替内接或外切于球面的一组正多面体关联起来，此时距离他发现以自己名字命名的三大定律还有很长一段时间。图46就是他的构想，由此他相信自己已经深入洞察了造物主的奥秘。图中的六个球面对应于六大行星：土星、木星、火星、地球、金星和水星，依次由立方体、

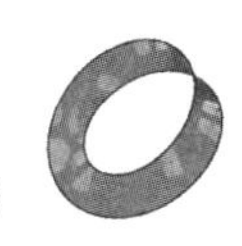

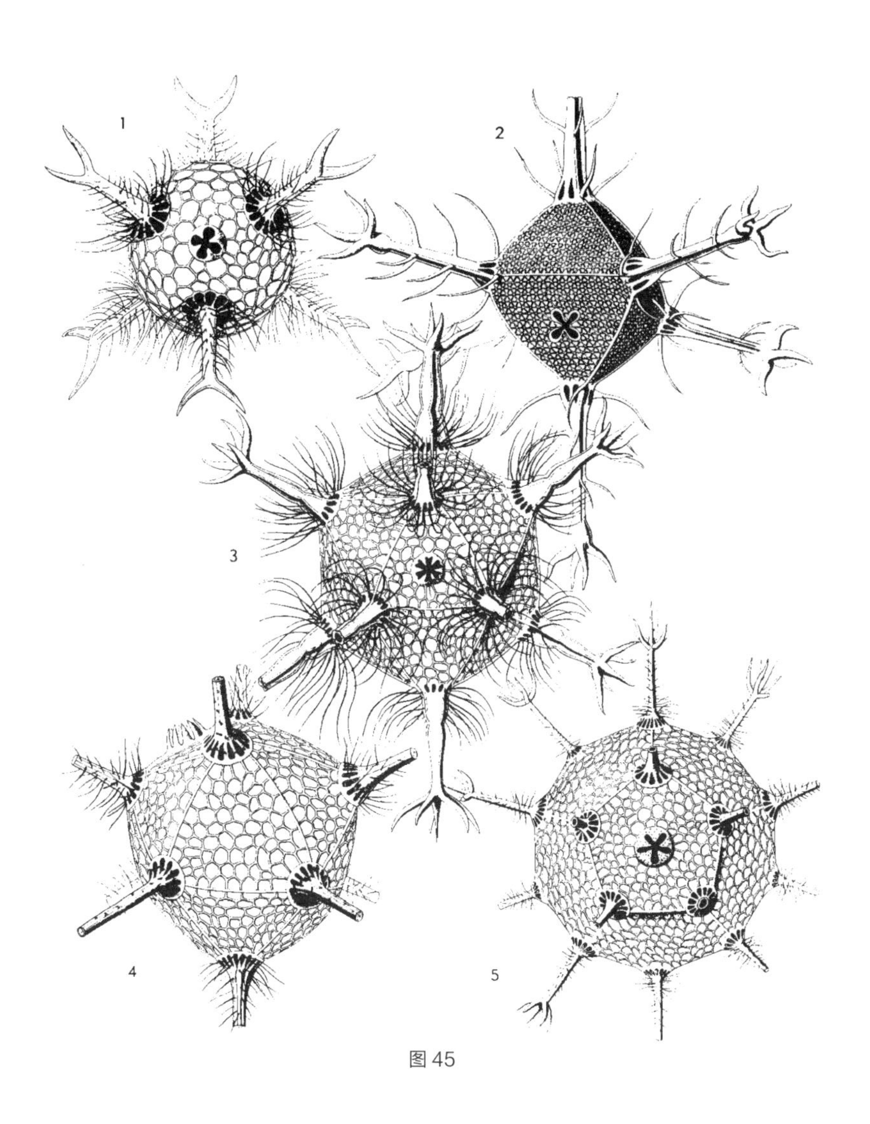

图45

76　正四面体、正十二面体、正八面体和正二十面体隔开。（当然，开普勒还不知道天王星、海王星和冥王星这三颗外层行星，它们分别发现于1781年、1846年和1930年。）他试图找出造物主选择这种次序的柏拉图多面体的原因，并对行星的性质（是占星术上的性质，而不是天体物理的性质）与相应正多面体的性质进行比较。他用一首气势磅礴的赞美诗作为该书的结尾，诗中宣告了他的信

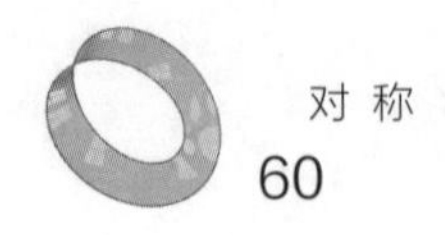

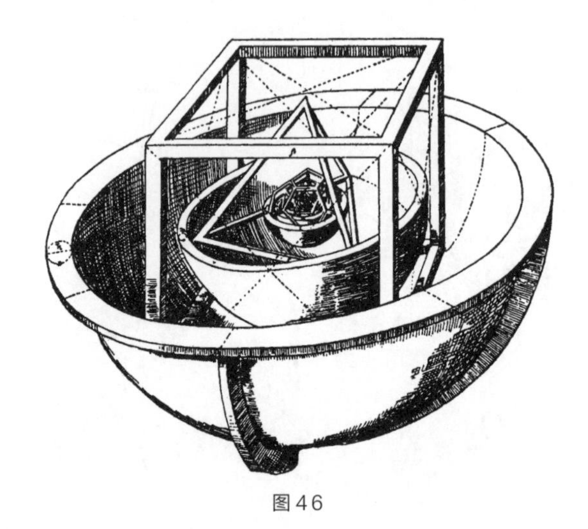
图46

条:“我坚信球形的神力(Credo spatioso numen in orbe)。”我们至今仍受他的宇宙数学和谐论的影响。这一信念经受住了更广阔的检验。只不过,我们是在动态规律,而不是像正多面体这样的静态形式中寻求和谐。

正如正多边形与平面旋转有限群相关,正多面体也必然与由空间中绕中心O的真旋转构成的有限群密切相关。从对平面旋转的研究,我们立即就能得到空间中的两类真旋转群。事实上,由平面上绕中心O的真旋转构成的群C_n,也可以看作由空间中绕过中心O的垂直轴的旋转构成。平面上相对于直线l的反射可由空间中绕l的180°翻转(折叠)来实现。你们或许还记得,前面分析一幅苏美尔人的图案(图4)时已经提到过这一点。这样平面上的群D_n就变成了空间中的真旋转群D'_n。该群包含绕过O点的垂直轴转动360°/n的整数倍的旋转和绕过O点的n条相互夹角为360°/2n的水平轴的翻转。不过应该注意到的是,群D'_1和群C_2均由恒等变换和绕一条线的翻转构成。因此这两个群是相同的,在三维空间真旋转构成的不同群的完整列表中,保留C_2的话就应该剔除D'_1。于是我们就有列表

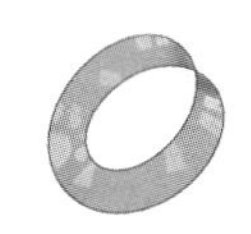

$$C_1,\ C_2,\ C_3,\ C_4,\ \cdots;$$
$$D'_2,\ D'_3,\ D'_4,\ \cdots$$

D'_2为所谓的四元群（four-group），由恒等变换和绕三条相互垂直的轴的翻转构成。

这五个正多面体中的每一个都能够构造出由该立体变换成自身的真旋转所构成的群。这样会产生五个新的群吗？不，只产生三个。原因如下。作一个球面内切于立方体，并作一个八面体内接于此球面，使得八面体的顶点落在球面与立方体表面的切点上，亦即落在六个正方形表面的中心（图47为二维情形下的示意图）。在这种情况下，立方体和八面体就形成了投影几何学意义上的配极图形（polar figure）。显然，该八面体在任何使得该立方体变换为自身的旋转变换下均保持不变，反之亦然。因此，八面体的群与立方体的群相同。同样，正五边形十二面体与二十面体也是配极图形。正四面体的配极图形仍是正四面体，后一个正四面体的顶点是前一个正四面体顶点的对映点（antipode）。这样一来，我们就找出了由真旋转构成的三个新的群：*T*、*W*和*P*；它们分别使得正四面体、立方体和正八面体、正五边形十二面体和正二十面体保持不变。它们的阶数，亦即所包含的操作的个数，分别为12、24、60。

通过一个比较简单的分析（附录A）就能证明，加上这三个群后，我们的列表（5）就完整了：

$$\begin{aligned} &C_n \quad (n = 1,\ 2,\ 3,\ \cdots) \\ &D'_n \quad (n = 2,\ 3,\ 4,\ \cdots) \qquad (5) \\ &T,\ W,\ P. \end{aligned}$$

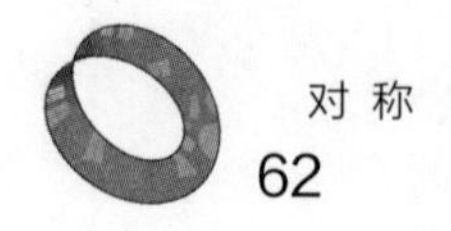

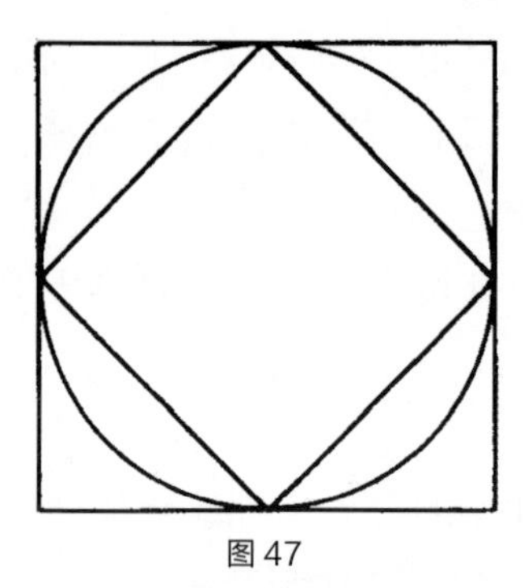

图47

这是现代的表达法，相当于古希腊人列出的正多面体表。这些群，特别是最后的三个群，对于几何学研究来说是个具有巨大吸引力的课题。

如果允许群里包含非真旋转又将如何呢？借助一个非常独特的非真旋转，即相对于点O的反射，可以给出最好的回答。该非真旋转将任意一点P变换为关于点O的对映点P'，即将线段PO向前延长原来的长度所得到的点。记这一操作为Z，它与所有旋转S都满足交换律，即$ZS = SZ$。现设Γ为由真旋转构成的有限群。一种引入非真旋转的方式是简单地附加上Z，更准确地说是在真旋转S的基础上再给Γ添加上所有形如ZS（S为Γ的元素）的非真旋转。得到的群$\bar{\Gamma}$（$= \Gamma + Z\Gamma$）的阶数显然是Γ的2倍。引入非真旋转的另一种方式如下：假设Γ是真旋转群Γ'的一个指数为2的子群；这样，Γ'中一半的元素属于Γ，称之为S；另一半元素不属于Γ，称之为S'。现在用非真旋转ZS'代替S'。这样我们就得到一个包含有Γ的群$\Gamma\Gamma$，但它另一半的操作则是非真的。比如，$\Gamma = C_n$是$\Gamma'=D'_n$的一个指数为2的子群。D'_n中不属于C_n的操作S'是绕n条水平轴的翻转；相应的ZS'是相对于垂直于这些轴的平面的反射。所以，$D'_n C_n$就由绕垂直轴的转角为$360°/n$的整数倍的旋转和相对于过该轴且相互夹角为$360°/2n$的垂直平面的反射构成。你也可以说它

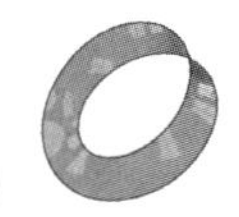

就是前面用D_n表示的那个群。再举一个最简单的例子：$\Gamma = C_1$是$\Gamma' = C_2$的子集，C_2的一个不属于C_1的操作S'是绕垂直轴的180°旋转；ZS'是相对于过O点的水平面的反射。因此C_2C_1是由恒等变换和相对于一给定平面的反射构成的群；换言之，它就是描述左右对称性的那个群。

前面所述是仅有的两种把非真旋转引入群中来的方式（其证明可参见附录B）。所以，下面就是所有由真和非真旋转构成的有限群的完整列表：

$$C_n,\ \bar{C}_n,\ C_{2n}C_n\ (n=1,2,3,\cdots)$$
$$D'_n,\ \bar{D}'_n,\ D'_nC_n,\ D'_{2n}D'_n\ (n=2,3,\cdots)$$
$$T, W, P;\ \bar{T}, \bar{W}, \bar{P};\ WT$$

之所以存在最后一个群WT，是因为四面体群T是八面体群W的指数为2的子群。

在最后一讲讨论晶体的对称性时，这张表将发挥重要作用。

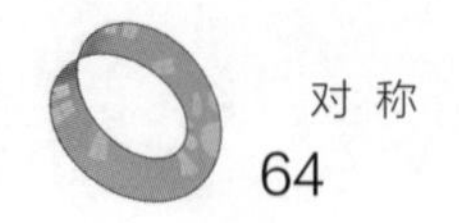

第三章

装饰对称性

这一讲要比前一讲更系统一些，因为这一讲专注于讨论一种几何对称性，一种无论从哪个角度讲都最复杂、但也最有趣的对称性。在二维情形下，表面装饰艺术研究的就是它；在三维情形下，晶体里原子的排列要遵从它，所以我们称之为装饰对称性（ornamental symmetry）或晶体对称性（crystallographic symmetry）。

我们从一个在艺术和自然界中都比其他图案更常见的二维装饰图案讲起：浴室地板砖常用的六边形图案。这里你们看到的六边形图案（图48）是普通的蜜蜂筑造的蜂巢。蜂巢的巢室为棱柱状，此照片是从棱柱正上方拍摄的。事实上，蜂巢由两层这样的巢室构成，它们的棱柱的开口方向正好相反。这

图48

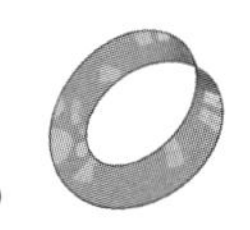

两层的内底的榫接方式是个空间问题，我们待会再讨论，眼下我们只考虑更简单的二维问题。如果你把小球堆成一堆，它们会自己呈三维六边形构型。二维情形下的堆积就是把全等圆尽可能紧密地聚集在一起。先把全等圆彼此相切排成一排，如果再从上面丢下另一个圆，它将嵌在这一排的两个相邻圆之间，且这三个圆的圆心将构成一个等边三角形。从上面这个圆出发就可以构造出第二排圆，它们均嵌在第一排的两个圆之间（图49）；如此等等。这些圆之间空隙很小。一个圆与周围六个圆相切处的切线围成了与该圆外切的正六边形，如果用这样的六边形来代替内接圆，就得到了充满整个平面的正六边形构型。

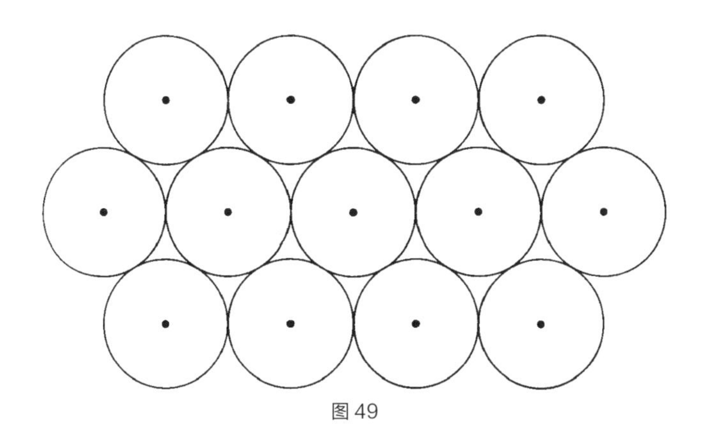

图49

根据毛细作用的规律，附在细金属丝围成的圈上的肥皂液膜具有面积最小的形状，亦即，它的面积比具有同样边界的其他任何表面的面积都小。吹入一定量气体后的肥皂泡呈球状，这是因为球面以最小的表面积包围了给定的体积。因此，由具有相同面积的二维气泡构成的泡沫呈六边形图案就不足为奇了，因为把平面划分为等面积的部分时，六边形图案的边界总长度在所有图案中是最小的。这里我们假定所讨论的问题已经简化为二维情形，比如，考虑夹在两块水平玻璃板之间的水平泡沫。如果泡囊有边界（生物学家称之为表皮层），就能观察到它由圆弧构成，每一段

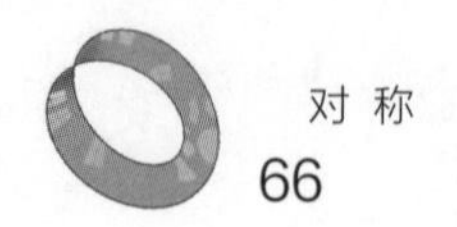

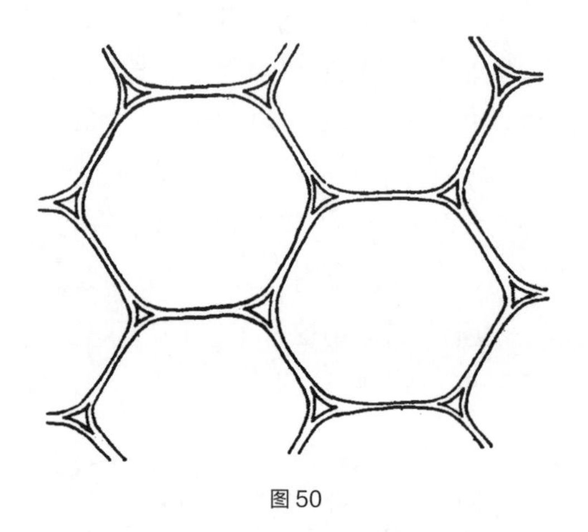

图 50

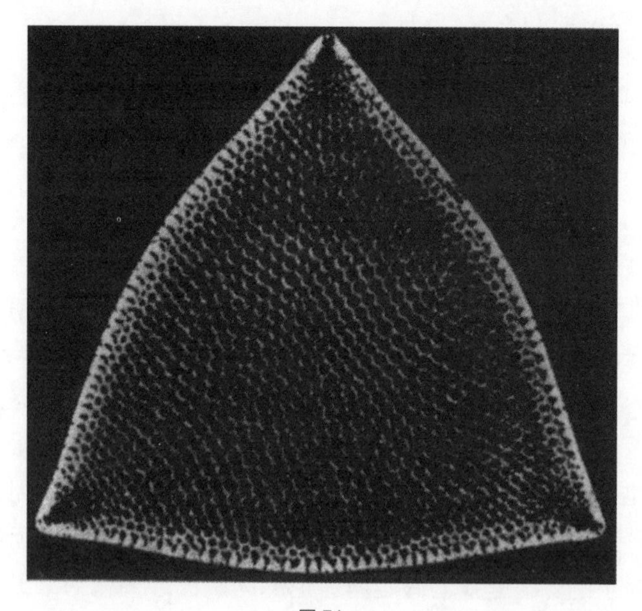

图 51

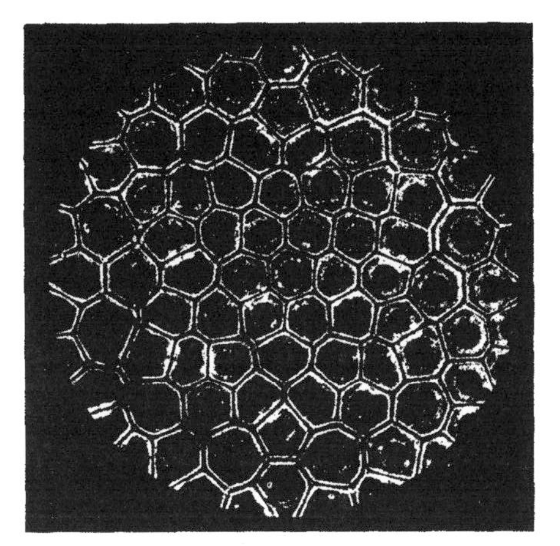

图 52

图 53

图 54

圆弧与相邻的细胞壁和下一段圆弧成120°角。这正是最小长度法则要求的。有了这一解释，看到诸如玉米的薄壁组织（图50）、我们眼睛的视网膜色素、很多硅藻的表面（图51展示了一种漂亮的标本），以及蜂窝等等这些迥然不同的结构中都有六边形图案，你就不会诧异了。蜜蜂的大小都差不多，是从里面不断旋转着建造巢室的，所以就把巢室建成了平行圆柱最密集的堆积，其横截面就好像圆的六边形图形一样。只要蜜蜂还在工作，蜂蜡就处于半流体状态，所以表面张力很可能超过蜜蜂身体从内部对蜂蜡施加的压力，于是这些圆就变成外接正六边形了（不过它们的角落处仍显示出圆形的某些残迹）。图52是人造蜂窝组织，由亚铁氰化钾溶液的微滴在明胶中扩散形成，你可以将其与玉米的薄壁组织加以比较。当然，它们形状的规则性有待改进，甚至某些地方出现的不是六边形，而是夹杂了五边形。图53和图54是另外两个具有六边形图案结构的人造组织，是我从最近一期《时尚》杂志（1951年2月刊）中信手拈来的。图55是海克尔称之为六边形空心藻（Aulonia hexagona）的放射虫的含硅残骸，它看上去像是在球面上（而不是平面内）布满了一种很规则的六边形图案。但根据拓扑学基本原理，六边形的网是不可能覆盖球面的。这一原理讨论的是把球面任意分割为沿着某些边彼此交界的区域，它告诉我

86

87

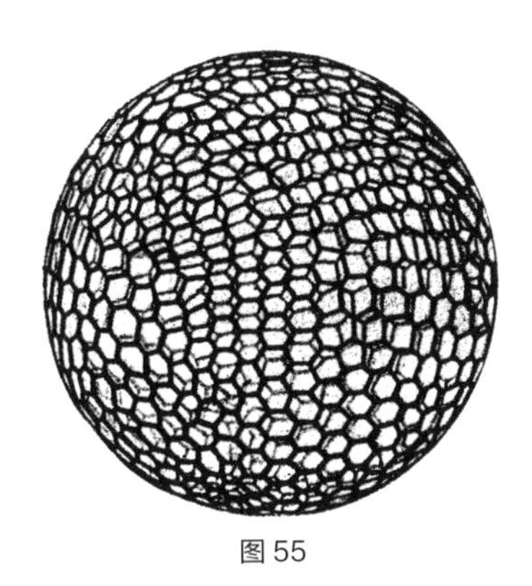

图55

89 们：区域的个数A，边的条数E，以及顶点（至少有三个区域相交的那些点）的个数C应满足关系式$A+C-E=2$。对于六边形网来说，我们有$E=3A$，$C=2A$，所以有$A+C-E=0$！我们确实看到，空心藻的一些网眼果真不是六边形，而是五边形。

现在我们从平面上圆的最密集堆积问题，转而讨论空间中相同球面或球体的最密集堆积问题。我们从一个球及过球心的“水平面”开始。在最密集堆积情况下，该球将与其他12个球相切（正如开普勒所说，“像石榴中的石榴籽那样”），其中6个在该水平面上，另外3个在该水平面之下，还有3个在该水平面之上。[1]如果这样排列的球沿各自固定球心作均匀扩张，但彼此不能穿透的话，它们将会变成填满整个空间的斜方十二面体。注意，单个十二面体并不是正多面体，然而在相应的二维问题中我们得到的却是正六边形！蜜蜂的巢室就是由这样的十二面体的下半部构

1. 只有要求球心形成点阵时，布局才唯一确定。关于“点阵”的定义见第81页；关于该问题更全面的讨论见D. Hilbert and S. Cohn-Vossen, *Anschauliche Geometrie*, Berlin, 1932, pp. 40—41; and H. Minkowski, *Diophantische Appiroximationen* Leipzig, 1907, pp. 105—111.

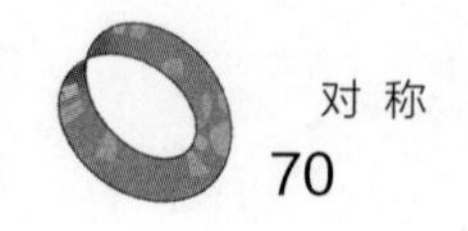

成的，而其六条垂直边延伸出去形成一个上端开口的六边形棱柱。关于蜜蜂窝的几何问题已经有大量论著了。蜜蜂奇妙的社会习性和几何天赋，引起了观察者和研究者的注意，并让他们赞叹不已。《一千零一夜》中的小蜜蜂说："我的住宅是按照最严格的建筑法则建造的，就连欧几里得本人也从巢室的几何学研究中获益匪浅。"可能是马拉尔迪（Maraldi）于1712年首次进行了相对精确的测量；他发现蜜蜂巢穴底部的三个菱形都有约110°的钝角α，且这些菱形与立壁构成的角β大小也相同。他向自己提出了一个几何问题：菱形的角α应取何值，才能与角β完全相同？他得出的结果是$\alpha = \beta = 109° 28'$，并由此认为蜜蜂早已解决了这一几何问题。在曲线和力学研究中引入最小值原理（the principles of minimum）后，α值自然而然地就由如何最节省地使用蜂蜡来决定了，因为建造体积相同而具有其他角度的巢室需要更多的蜂蜡。后来瑞士数学家塞缪尔·柯尼希（Samuel Koenig）证实了雷奥米尔（Réaumur）的这一猜想。柯尼希不知怎么的把马拉尔迪的理论值误认为是实测值，并发现自己根据最小值原理得到的理论值与之相差2'（这是因为他在计算$\sqrt{2}$时采用的数表有误）。于是他得出结论说蜜蜂在解这一最小值问题时犯了2'的错误，且该问题超出了经典几何学的范围，需要用到牛顿和莱布尼茨的方法来解决。随后在法国科学院就该问题展开了讨论，该院终身秘书丰特内勒（Fontenelle）的一篇著名论断性文章作了总结，否认蜜蜂具有牛顿和莱布尼茨的几何才华，并给出了这样的结论：在应用这一最高深的数学工具时，蜜蜂遵从神的指引和命令。事实上，巢室并不像柯尼希设想的那么规则，就连在几度的精度内去测量这些角都很困难。但是一百多年后，达尔文（Darwin）却仍声称蜜蜂的建筑才能为"已知的本能中最为奇特的一种"，并补充道："是自然选择（现在这个词代替了神的指引！）使其建筑技能臻于完美；就我们所知，蜜蜂的巢室在节省劳力和蜂蜡这两方面都尽善尽美。"

90
91

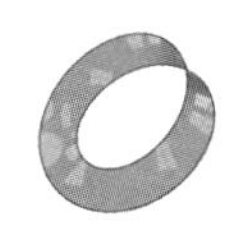

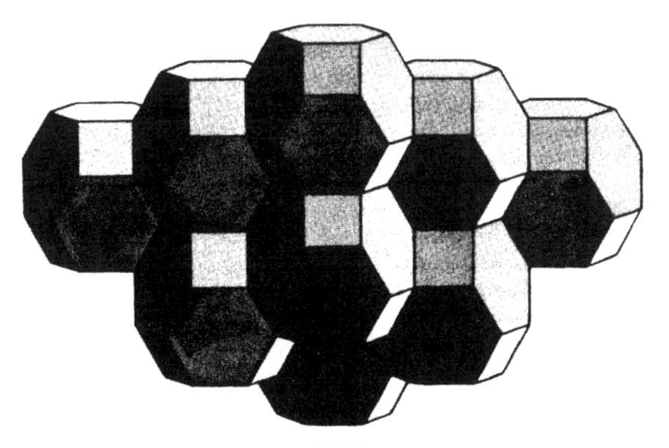

图 56

将一个八面体的六个顶角以一种恰当的对称方式截掉的话，就能得到表面为6个正方形和8个六边形的十四面体。阿基米德（Archimedes）早就知道这种多面体了，后来俄国晶体学家费多罗夫（Fedorow）重新发现了它。通过适当的平移而得出的这种固体的复制品，可以填满整个空间而没有重叠或间隙，正如斜方十二面体那样（图56）。开尔文勋爵在巴尔的摩所作的系列演讲中指明了如何弯曲其表面和边才能满足最小面积条件。这样的话，把空间分割成大小相等、方向相同的这种十四面体时，获得的表面积体积比比表面为平面的菱形十二面体还小。我倾向于相信开尔文勋爵的构型给出了绝对极小值；但据我所知，这一点至今还没有得到证明。

92

现在我们再回到二维平面，更系统地研究具有双重无限和谐（double infinite rapport）的对称性。首先，我们必须把这一概念精确化。如前所述，平面的平行移动，即平移，构成一个群。确定给定点A移动后的位置A'，就完全确定了该平移。平移或者说向量$\overrightarrow{BB'}$如果平行于$\overrightarrow{AA'}$且长度相等，则二者完全一样。通常用符号＋来表示平移的复合。因此，$\boldsymbol{a}+\boldsymbol{b}$就是先进行平移$\boldsymbol{a}$，再进行平

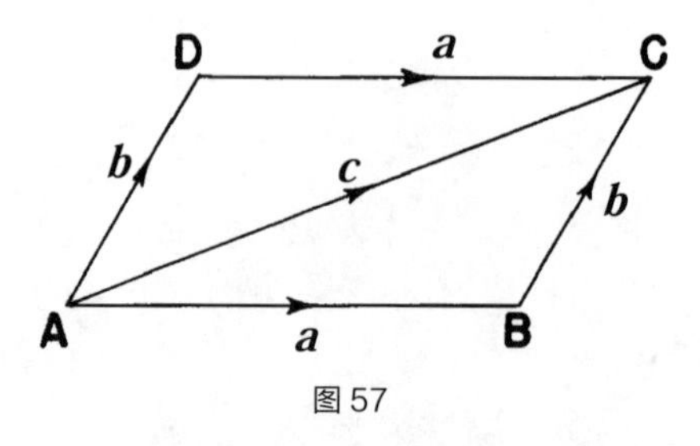

图57

移$\boldsymbol{b}$得到的结果。如果$\boldsymbol{a}$将点A移到B，而$\boldsymbol{b}$将点B移到C，那么$\boldsymbol{a}+\boldsymbol{b}$就将$A$移到$C$，可用平行四边形$ABCD$的对角线向量$\overrightarrow{AC}$来表示。因为有$\overrightarrow{AD}=\overrightarrow{BC}=\boldsymbol{b}$，以及$\overrightarrow{DC}=\overrightarrow{AB}=\boldsymbol{a}$（图57），所以平移的复合（也可以说是向量的加法）满足交换律：$\boldsymbol{a}+\boldsymbol{b}=\boldsymbol{b}+\boldsymbol{a}$。向量的这种加法不过就是两个力$\boldsymbol{a}$和$\boldsymbol{b}$形成合力$\boldsymbol{a}+\boldsymbol{b}$所依据的平行四边形法则。我们有恒等向量或零向量$\boldsymbol{o}$，它将每一点移动至自身。每一平移$\boldsymbol{a}$都有其逆平移$-\boldsymbol{a}$，使得$\boldsymbol{a}+(-\boldsymbol{a})=\boldsymbol{o}$。显然$2\boldsymbol{a}$，$3\boldsymbol{a}$，$4\boldsymbol{a}$，…代表$\boldsymbol{a}+\boldsymbol{a}$，$\boldsymbol{a}+\boldsymbol{a}+\boldsymbol{a}$，$\boldsymbol{a}+\boldsymbol{a}+\boldsymbol{a}+\boldsymbol{a}$，…对于任意整数$n$（正整数、零或负整数），用来定义倍数$n\boldsymbol{a}$的一般法则可用如下公式表示：

93

$$(n+1)\boldsymbol{a}=(n\boldsymbol{a})+\boldsymbol{a}\text{，且}0\,\boldsymbol{a}=\boldsymbol{o}$$

向量$\boldsymbol{b}=(1/3)\boldsymbol{a}$是方程$3\boldsymbol{b}=\boldsymbol{a}$的唯一解。因此，对于有着整数分子$m$和整数分母$n$的分数$\lambda=m/n$（比如2/3或$-6/13$），$\lambda\boldsymbol{a}$指的是什么已经很清楚了；根据连续性，$\lambda$是任意实数时（不管是有理数，还是无理数），$\lambda\boldsymbol{a}$的意思也很清楚。如果两个向量$\boldsymbol{e}_1$和$\boldsymbol{e}_2$的任意线性组合$x_1\boldsymbol{e}_1+x_2\boldsymbol{e}_2$都不是零向量$\boldsymbol{o}$（除非实数$x_1$和实数$x_2$均为零），则称二者是线性无关的。平面之所以是二维的，因为其中的每一个向量$\mathfrak{x}$均唯一地表示成两个线性无关向量$\boldsymbol{e}_1$和$\boldsymbol{e}_2$的线性组合$x_1\boldsymbol{e}_1+x_2\boldsymbol{e}_2$。系数$x_1$、$x_2$称为$\mathfrak{x}$关于基$(\boldsymbol{e}_1,\boldsymbol{e}_2)$的坐标。固定一定点$O$作为原点（并固定向量基$\boldsymbol{e}_1$和$\boldsymbol{e}_2$），就可以通过关系式$\overrightarrow{OX}$

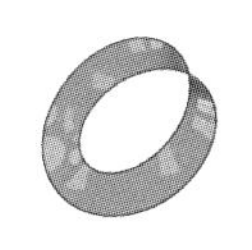

94　$=x_1\boldsymbol{e}_1+x_2\boldsymbol{e}_2$赋予每一点$X$两个坐标$x_1$和$x_2$；反之亦然，即坐标$x_1$和$x_2$确定了$X$在“坐标系”$(O;\ \boldsymbol{e}_1,\ \boldsymbol{e}_2)$中的位置。

非常抱歉，我不得不用解析几何中的这些基本概念来折磨你们。笛卡儿（Descartes）发明解析几何的目的只不过是要给平面中的点X命名，以便区分和识别。这需要系统地来完成，因为平面中有无穷多个点；而且，点和人不一样，它们是完全相同的，所以这样做就更有必要了：只有给它们贴上标签才能区分它们。我们给它们取的名字正是数偶$(x_1,\ x_2)$。

除交换律以外，向量的加法——实质上指任意变换的复合——还满足结合律：

$$(\boldsymbol{a}+\boldsymbol{b})+\boldsymbol{c}=\boldsymbol{a}+(\boldsymbol{b}+\boldsymbol{c})$$

对于向量$\boldsymbol{a}$, $\boldsymbol{b}$,…与实数λ, μ, …的乘法，有如下法则：

$$\lambda(\mu\boldsymbol{a})=(\lambda\mu)\boldsymbol{a}$$

以及下面两个分配律：

$$(\lambda+\mu)\boldsymbol{a}=(\lambda\boldsymbol{a})+(\mu\boldsymbol{a}),$$
$$\lambda(\boldsymbol{a}+\boldsymbol{b})=(\lambda\boldsymbol{a})+(\lambda\boldsymbol{b})$$

你一定会问，从一个向量基$(\boldsymbol{e}_1,\boldsymbol{e}_2)$变换到另一个向量基$(\boldsymbol{e}'_1,\boldsymbol{e}'_2)$时，任意向量$\mathfrak{r}$的坐标$(x_1,\ x_2)$是如何变换的。向量$\boldsymbol{e}'_1$、$\boldsymbol{e}'_2$可以用$\boldsymbol{e}_1$、$\boldsymbol{e}_2$来表示，反之亦然：

$$\boldsymbol{e}'_1=a_{11}\boldsymbol{e}_1+a_{21}\boldsymbol{e}_2,\qquad \boldsymbol{e}'_2=a_{12}\boldsymbol{e}_1+a_{22}\boldsymbol{e}_2;\qquad (1)$$

$$\boldsymbol{e}_1=a'_{11}\boldsymbol{e}'_1+a'_{21}\boldsymbol{e}'_2,\qquad \boldsymbol{e}_2=a'_{12}\boldsymbol{e}'_1+a'_{22}\boldsymbol{e}'_2\qquad (1')$$

将任意向量$\mathfrak{r}$用这两个基来表示，有：

$$\mathfrak{r}= x_1 \boldsymbol{e}_1+x_2 \boldsymbol{e}_2 = x'_1 \boldsymbol{e}'_1+ x'_2 \boldsymbol{e}'_2$$

将(1)式和(1')式代入上式，可发现相对于第一个基的坐标x_1、x_2与相对于第二个基的坐标x'_1、x'_2是通过下述两个互逆的“齐次线性变换”联系起来的：

$$x_1= a_{11}x'_1 + a_{12}x'_2, \quad x_2= a_{21}x'_1 + a_{22}x'_2; \qquad (2)$$

$$x'_1= a'_{11}x_1 + a'_{12}x_2, \quad x'_2= a'_{21}x_1 + a'_{22}x_2 \qquad (2')$$

坐标x随向量$\mathfrak{r}$而变化，但系数

$$\begin{pmatrix} a_{11} & a_{12} \\ a_{21} & a_{22} \end{pmatrix}, \quad \begin{pmatrix} a'_{11} & a'_{12} \\ a'_{21} & a'_{22} \end{pmatrix}$$

是常数。容易看出，像(2)式这样的线性变换具有逆变换的条件是，当且仅当它所谓的模$a_{11}\,a_{22}-a_{12}\,a_{21}$不等于0。

只要我们仅使用上述这些概念，即(1)向量的加法 $\boldsymbol{a}+\boldsymbol{b}$，(2)数$\lambda$与向量$\boldsymbol{a}$的乘法，(3)由两点$A$，$B$来确定向量$\overrightarrow{AB}$，以及由它们定义的概念，那我们研究的就是仿射几何（affine geometry）。在仿射几何中，任一向量基$\boldsymbol{e}_1$、$\boldsymbol{e}_2$ 均与其他向量基一样好。而向量的$\mathfrak{r}$长度$|\mathfrak{r}|$的概念就超出了仿射几何的范围，它是度量几何（metric geometry）的一个基本概念。任意向量$\mathfrak{r}$的长度的平方是其坐标x_1、x_2的一个二次型：

$$g_{11}x_1^2 + 2g_{12}x_1x_2 +g_{22}x_2^2 \qquad (3)$$

其中g_{11}，g_{12}，g_{22}为常系数。这是毕达哥拉斯定理的基本内容。度量基本形式（3）是正定的（positive-definite），即对于任意变量x_1、x_2（$x_1 = x_2 = 0$除外）来说，它都取正值。

存在一些特别的坐标系，即笛卡儿坐标系，使得该二次型具有最简单的形式：$x_1^2 + x_2^2$；它们由两个长度均为1且相互垂直的向量$\boldsymbol{e}_1$、$\boldsymbol{e}_2$构成。在度量几何中，所有的笛卡儿坐标系都是同权的。两个笛卡儿坐标系之间的转换通过正交变换来实现，即通过一个齐次线性变换（2）、（2'），它使得形式$x_1^2 + x_2^2$保持不变，即$x_1^2 + x_2^2 = x'^2_1 + x'^2_2$。

但稍加修改，这种变换也可以解释为旋转的代数表示。如果笛卡儿向量基$\boldsymbol{e}_1$、$\boldsymbol{e}_2$经过绕原点O的旋转后变为笛卡儿向量基$\boldsymbol{e}'_1$、$\boldsymbol{e}'_2$，那么向量$\mathfrak{x} = x_1\boldsymbol{e}_1 + x_2\boldsymbol{e}_2$就变为$\mathfrak{x}' = x_1\boldsymbol{e}'_1 + x_2\boldsymbol{e}'_2$。但倘若我们自始至终都采用原基$(\boldsymbol{e}_1, \boldsymbol{e}_2)$为参照系，而把后者写成 $x'\boldsymbol{e}_1 + x'_2\boldsymbol{e}_2$，你就看到坐标为$x_1$、$x_2$的向量变成了坐标为$x'_1$、$x'_2$的向量，这里

$$x_1\boldsymbol{e}'_1 + x_2\boldsymbol{e}'_2 = x'_1\boldsymbol{e}_1 + x'_2\boldsymbol{e}_2$$

因此有

$$x'_1 = a_{11}x_1 + a_{12}x_2, \quad x'_2 = a_{21}x_1 + a_{22}x_2 \qquad (4)$$

[数偶(x_1, x_2)，(x'_1, x'_2)互换后的式（2）。]

如果用点代替向量，那么齐次线性变换就全部由非齐次线性变换代替。设任意一点X在两个坐标系$(O;\ \boldsymbol{e}_1, \boldsymbol{e}_2)$，$(O';\boldsymbol{e}'_1, \boldsymbol{e}'_2)$里的坐标分别为$(x_1,\ x_2)$、$(x'_1,\ x'_2)$，我们有

$$(\overrightarrow{OX} = \boldsymbol{x}_1\boldsymbol{e}_1+\boldsymbol{x}_2\boldsymbol{e}_2,\ \overrightarrow{O'X} = \boldsymbol{x}'_1\boldsymbol{e}'_1+\boldsymbol{x}'_2\boldsymbol{e}'_2)$$

又因为$\overrightarrow{OX} = \overrightarrow{OO'} + \overrightarrow{O'X}$，所以有：

$$\boldsymbol{x}_i = a_{i1}x'_1+a_{i2}x'_2+b_i \qquad (i=1,2) \qquad (5)$$

其中我们令（$\overrightarrow{OO'} = b_1\boldsymbol{e}_1+b_2\boldsymbol{e}_2$）。非齐次线性变换与齐次线性变换的区别就在于附加项b_i。将点(x_1, x_2)变换至(x'_1, x'_2)的映射

$$\boldsymbol{x}'_i = a_{i1}x_1+a_{i2}x_2+b_i \qquad (i=1,2) \qquad (6)$$

可以是一个全等变换，前提是代表着相应向量映射的变换的齐次部分

$$\boldsymbol{x}'_i = a_{i1}x_1+a_{i2}x_2,\ (i=1,2) \qquad (4)$$

是正交的。（当然，这里的坐标是指同一个固定坐标系里的坐标。）这样一来，我们也可以称非齐次变换为正交的。特别是，向量(b_1, b_2)代表的平移由下式给出：

$$\boldsymbol{x}'_1 = x_1+b_1, \qquad \boldsymbol{x}'_2 = x_2+b_2$$

现在，我们回到平面有限旋转群的莱昂纳多式上来：

$$C_1,\ C_2,\ C_3,\ \cdots \qquad (7)$$
$$D_1,\ D_2,\ D_3,\ \cdots$$

任意一个群C_n的操作的代数表达式与笛卡儿向量基的选取无关。但对于群D_n来说却并非如此；为使其代数表达式正规化，这里我们把位于某一反射轴上的向量取为第一基本向量$\boldsymbol{e}_1$。旋转群用笛卡儿坐标系统表示的话，就是正交变换群。它那由正交变换联系起来的在任意两个这种坐标系中的表达式，如我们所称，是正交等价的。因此，莱昂纳多的结论可以用代数语言表述如下：他编制了一张正交变换群的表，使得：（1）其中任意两个群互不正交等价；（2）任意正交变换有限群均正交等价于表中出现的群。简言之，他编制了由正交变换构成的互不正交等价的有限群的完整列表。把简单的情况说得如此复杂似乎没有必要；但其好处不久就可看到。

装饰对称性考虑的是平面中全等映射的不连续群。如果这样的一个群Δ包含平移，再要求其具有有限性就不合理了，因为平移$\boldsymbol{a}$（非恒等变换$\boldsymbol{o}$）的迭代会给出无限多个平移$n\boldsymbol{a}$（$n = 0, \pm 1, \pm 2, \cdots$）。因此我们用非连续性来代替有限：要求群中除了恒等变换自身之外，不存在可任意接近恒等变换的变换。换言之，存在一个正数∈，使得群中相应数字

$$\begin{pmatrix} a_{11}-1, & a_{12}, & b_1 \\ a_{22}, & a_{22}-1, & b_2 \end{pmatrix}$$

介于-∈到∈之间的变换式（6）只能是恒等变换（对于后者来说，所有这些数均为0）。群里的平移构成了平移的一个不连续群Δ。对于这样一个群，存在下述三种可能性：一是只有恒等变换$\boldsymbol{o}$；二是所有的平移都是某基本平移$\boldsymbol{e} \neq \boldsymbol{o}$的迭代$x\boldsymbol{e}$（$x = 0, \pm 1, \pm 2, \cdots$）；三是这些平移（向量）组成一个二维点阵，亦即由两个线性无关向量$\boldsymbol{e}_1$、$\boldsymbol{e}_2$的线性组合$x_1\boldsymbol{e}_1 + x_2\boldsymbol{e}_2$构成，其中$x_1$、$x_2$为整数。第三种情况即是我们感兴趣的双无限和谐。这里向量$\boldsymbol{e}_1$、$\boldsymbol{e}_2$

构成我们所谓的点阵基。选一点O作为原点；点阵中所有平移作用于O得到的点，构成了一个平行四边形点阵（图58）。

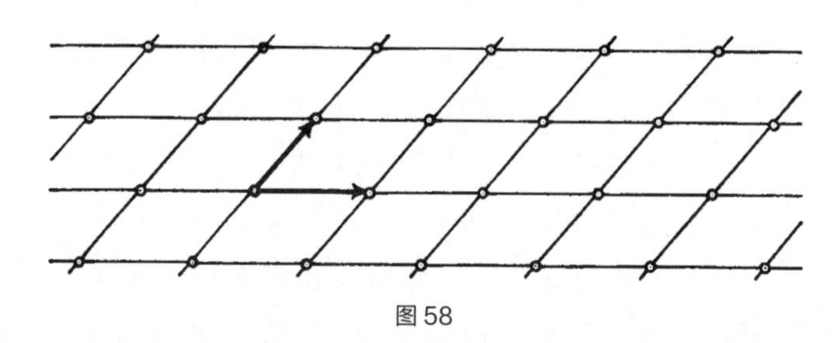

图 58

我们立即会问，对于一个给定的点阵，点阵基是可以任意选择的吗？如果$\boldsymbol{e}'_1$、$\boldsymbol{e}'_2$是另一组这样的基，那么必然有：

$$\boldsymbol{e}'_1 = a_{11}\boldsymbol{e}_1 + a_{21}\boldsymbol{e}_2, \qquad \boldsymbol{e}'_2 = a_{12}\boldsymbol{e}_1 + a_{22}\boldsymbol{e}_2 \qquad (1)$$

其中a_{ij}都是整数。其逆变换（1'）中的系数也必须是整数，否则$\boldsymbol{e}'_1$、$\boldsymbol{e}'_2$就构不成一个点阵基。对于坐标，我们得到两个互逆的线性变换（2）和（2'），它们具有下列整系数：

$$\begin{pmatrix} a_{11}, a_{12} \\ a_{21}, a_{22} \end{pmatrix} \text{和} \begin{pmatrix} a'_{11}, a'_{12} \\ a'_{21}, a'_{22} \end{pmatrix} \qquad (2'')$$

如果具有整数系数的齐次线性变换具有属于同样类型的逆变换，则称为幺模变换；不难看出，具有整数系数的线性变换当且仅当其模$a_{11}a_{22} - a_{12}a_{21}$等于1或$-1$时才是幺模变换。 100

我们可以这样来确定双重无限和谐所有可能的不连续全等群：选定一点O作为原点，并用O在群Δ中的平移的作用下形成的点阵L来表示这些平移。群中的任一操作，均可看作绕O的一个旋转再加上一个平移。其中前一部分，即旋转部分，把点阵变成了其自身。而且这些旋转部分构成了一个不连续的，因此也是有限的旋转群 $\Gamma=\{\Delta\}$ 。用晶体学家的术语来说，正是这个群确定了该装饰的对称类。Γ必然是莱昂纳多表（1）中的某个群：

$$C_n, D_n \qquad (n=1,2,3,\cdots) \tag{8}$$

只是其操作使点阵L变为了其自身。旋转群 Γ与点阵L之间的这一关系对它们两者都施加了一定的限制。

就Γ而言，它只能是表中与$n=1$，2，3，4，6相对应的那些群。注意，$n=5$不在此列！因为点阵允许180°旋转，所以使其保持不变的最小旋转应该是180°的一个整除部分，或者说具有下列形式：

360° 除以2或4或6或8 …

我们必须证明8和8以上的数字都不满足。现在来讨论$n=8$的情况。设A为所有非O阵点中距离O最近的一个点（图59）。然后将平面绕O点以每次1/8周角进行一次又一次旋转，则从A出发可以得到整个八边形$A=A_1$，A_2，A_3，…，且这些顶点均为阵点。因为$\overrightarrow{OA_1}$、$\overrightarrow{OA_2}$ 是点阵向量，所以二者之差，即向量 $\overrightarrow{A_1A_2}$ 也属于点阵，或者说由$\overrightarrow{OB}=\overrightarrow{A_1A_2}$ 确定的点B也应是一个阵点。然而B比$A=A_1$距离O更近，这就前后矛盾了。事实上，正八边形的边A_1A_2比半径OA_1更短。因此对于群Γ而言，只存在下述10种可能性：

$$C_1,\ C_2,\ C_3,\ C_4,\ C_6;\ D_1,\ D_2,\ D_3,\ D_4,\ D_6 \tag{9}$$

不难看出，对于其中每一个群来说，都存在在群变换下保持不变

101

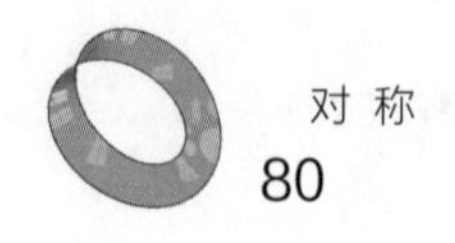

的点阵。

显然，对于C_1和C_2来说所有点阵均如此，因为所有点阵在恒等变换和180°旋转作用下均保持不变。现在我们来考虑D_1，它由恒等变换和相对于过原点O的轴l的反射组成。对于该群来说，只有两种点阵保持不变：长方形和菱形点阵（图60），将平面沿平行和垂直于l的线分割成全等的长方形可得长方形点阵，长方形的顶点即阵点。左下顶点为O的基本长方形中以O为起点的两条边$\boldsymbol{e}_1$、$\boldsymbol{e}_2$构成了点阵的自然基。长方形点阵的对角线分割出来的全等菱形构成了菱形点阵。左边顶点为O的基本菱形的两条边构成了点阵的基。阵点是顶点O和长方形的中心点。（托马斯·布朗把按这种菱形点阵排列植树的方法称为梅花形五点植树法，考虑的是梅花形是其基本构型，尽管这种点阵与数字5其实没有什么关系。）基本矩形或菱形的形状和大小是任意的。

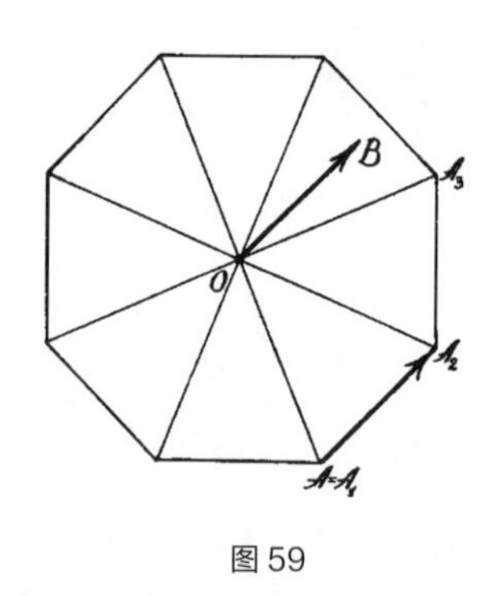

图59

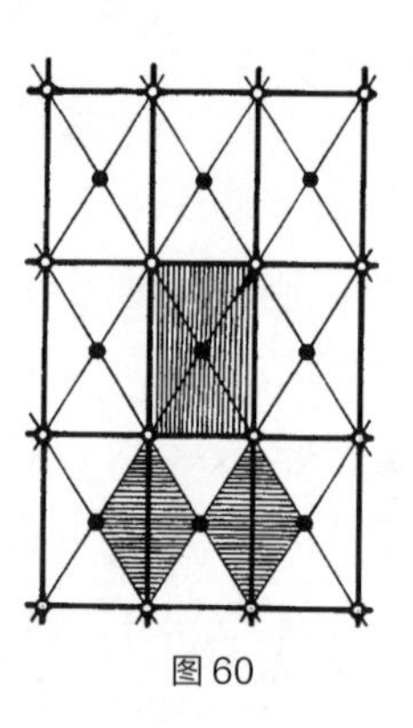

图60

找到10个可能的旋转群Γ和在群中的旋转作用下保持不变的点阵L之后，还需要将Γ和相应的L联系起来，以获得完整的全等映射群。更深入的研究表明，虽然Γ只有10种可能性，但是对于整个全等群Δ来说，却有17种本质上互不相同的可能性。因此，对于具有双重无限和谐的二维装饰而言，共有17种本质上互不相同的对称性。在古代的装饰图案中，尤其在古埃及的饰物中，存

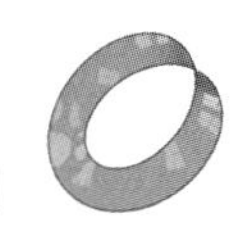

在所有这17个对称群的例子。对于这些图案反映出的几何想象力和创造性，怎样称赞都不为过。他们的创造在数学上非常重要。这些装饰艺术隐藏着人类所掌握的最古老的高级数学。诚然，完全抽象地表述其中隐藏的问题所需要的概念，亦即变换群的数学概念，直到19世纪才出现；但只有在变换群的基础上，我们才能证明古埃及匠人已经穷尽了所有17种可能的对称性。十分奇怪的是，这一结论直到1924年才由现在在斯坦福大学执教的乔治・波利亚（George Pólya）给出证明。[2]虽然阿拉伯人对数字5进行了长期的摸索，却无法在具有双重无限和谐的装饰设计中真正嵌入五级中心对称图案。不过，他们尝试了各种具有迷惑性的折衷方案。可以说，他们通过实践证明了五边形对称在装饰中是不可能实现的。

103

除式（9）所列的10个群之外不存在其他与不变点阵相联系的旋转群——虽说这句话的意思表达得很清楚，但对最多只有17个不同的装饰群这一论断还需要做些解释。比如，如果$\Gamma=C_1$，则群Δ就只包含平移；不过此时任意点阵都是可能的，因为由点阵的两个基本向量所张成的基本平行四边形可具有任意形状和大小，于是就有连续的无限多种可能性可供选择。我们将所有这些可能性视为一种情况，这才得出数字17；但这样做是对的吗？这就需要用到解析几何。如果用仿射几何来分析的话，平面具有两个结构：（i）度量结构，每个向量$\mathfrak{r}$都有长度，其平方是用向量坐标的正定二次型（3），即度量基本型（the metric ground form）来表达的；（ii）点阵结构，这是因为装饰图案赋予了平面一个向量点阵。通常的做法是先考虑度量结构，再引入笛卡儿坐标系，使得度量基本型具有唯一的正则化表达式$x_1^2+x_2^2$；但在不变点阵的连

104

2. 参考其论文“Ueber die Analogie der Kristall-symmetrie in der Ebene,” Zeitschr. f. Kristallographie 60, pp. 278—282.

续流形的代数表示中还保留有一种可变元素。不过，我们可以不通过仅引入笛卡尔坐标系赋予度量以坐标，而是先考虑点阵结构，并选取$\boldsymbol{e}_1$、$\boldsymbol{e}_2$作为点阵的基，从而赋予点阵以坐标，这样用相应坐标x_1、x_2来表达的点阵就完成了唯一且确定的正则化。事实上，现在的点阵向量正好是坐标为整数的那些向量。一般说来，我们不能同时拥有以下二者：度量基本型呈正则形式$x_1^2+x_2^2$的一个坐标系，以及由坐标x_1、x_2为整数的所有向量构成的点阵。现在我们就尝试后者，即构造点阵，因为从数学上讲比前者更有优势。我认为，下述分析是所有结构和形态研究的基础，非常重要。

再一次考察D_1。如果不变点阵是矩形，且按上述自然方式来选取点阵基，那么D_1就由恒等变换和下述变换组成：

$$x'_1=x_1,\qquad x'_2=-x_2$$

此时的度量基本型可以是具有$a_1x_1^2+a_2x_2^2$这一特殊形式的任意正定形式。如果不变点阵是菱形点阵，并把基本菱形的边选为点阵基，那么D_1就由恒等变换和下述变换组成：

$$x'_1=x_2,\qquad x'_2=x_1$$

其度量基本型可以是具有$a(x_1^2+x_2^2)+2bx_1x_2$这一特殊形式的任意正定形式。然而现在我们得到了两个具有整系数的线性变换群D_1^a和D_1^b而不是D_1，它们虽然是正交等价的，却不再是幺模等价的。其中一个群所包含的两个操作的系数矩阵为

$$\begin{pmatrix}1&0\\0&1\end{pmatrix},\quad\begin{pmatrix}1&0\\0&-1\end{pmatrix}$$

另一个群所包含的两个操作的系数矩阵为

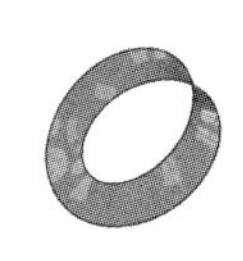

$$\begin{pmatrix}1&0\\0&1\end{pmatrix},\quad\begin{pmatrix}0&1\\1&0\end{pmatrix}$$

对于两个齐次线性变换群，如果它们都代表相同的操作群，只是所采用的点阵基不同，亦即可以通过坐标的幺模变换转换为对方，当然就称作是幺模等价的。

在适应点阵的坐标系中，Γ的操作现在是具有整数系数 a_{ij} 的齐次线性变换（4）；因为每一个操作在把点阵变换为其自身时，只要 x_1 和 x_2 取整数值，x'_1 和 x'_2 就取整数值。将幺模等价的线性变换群视为彼此相同，点阵基就可以任意选取了。除了具有整数系数外，Γ的变换还会使某些正定二次型（3）保持不变。但这并不是新增加的限制条件；事实上可以证明，对于任意实系数的线性变换有限群，都可以构造出在这些变换下保持不变的正定二次型。[3] 那么，在双变量均为整数系数的前提下，存在多少个不同的（即幺模不等价的）线性变换有限群呢？是否还是式（9）中的10个呢？不！现在更多了，比如说 D_1，我们已经看到，它已分解为不等价的 D_1^a 和 D_1^b 了。D_2 和 D_3 也同样会分解，所以结果就是，恰好有13个具有整数系数的幺模不等价线性有限群。从数学观点来看，真正令人感兴趣的是这个结果，而不是式（9）所列的10个具有不变点阵的旋转群。

106

最后一步，我们还要引入操作的平移部分，这样就得到了17个幺模不等价的不连续群，构成它们的非齐次线性变换包含 b_1 和 b_2 为整数的所有下述平移

3. 这一基本理论是H. Maschke提出的。证明非常简单：取任意正定二次型，比如 $x_1^2+x_2^2$，将群中每一个变换 S 都作用于它，再将所得的各二次型相加，结果是一个保持不变的正定二次型。

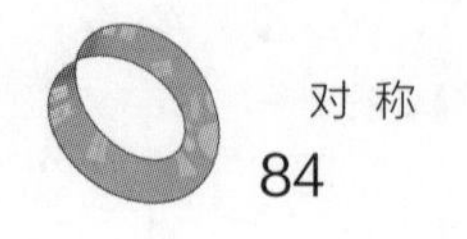

$$x'_1 = x_1 + b_1, \qquad x'_2 = x_2 + b_2$$

而又不包含所有其他平移。这最后一步几乎没什么困难，有待作出的说明也是关于剔除平移部分而得到13个齐次变换有限群Γ的。

至此我们只考虑了平面的点阵结构。当然，不能一直不提平面的度量结构。正是在这里，要考虑问题的连续性因素。对于这13个群中的每一个Γ，都存在不变的正定二次型: 107

$$G(x) = g_{11}x_1^2 + 2g_{12}x_1x_2 + g_{22}x_2^2$$

这样一个形式是由其系数(g_{11}，g_{12}，g_{22})表征的，且并不由Γ唯一地确定；比如，$G(x)$ 可以由 $cG(x)$ 代替，其中c是一个正的常数因子。在Γ的操作下，保持不变的所有正定二次型$G(x)$ 构成了一个性质简单的连续凸“锥”，维度为1、2或3维。比如，对于D_1^a和D_1^b来说，分别就有由形式为 $a_1x_1^2 + a_2x_2^2$ 和 $a(x_1^2 + x_2^2) + 2bx_1x_2$ 的所有正定型构成的二维流形。度量基本型总是具有不变形式的流形中的一个。

在对装饰群Δ的完整描述中，我们已经把那些离散的特性与能在一个连续流形上变化的特性明确区分开来。离散特性已通过用适应点阵的坐标来表示群而展现出来，结果表明该离散特性是17个不同的群之一。其中，每一个群都有一个由度量基本型$G(x)$的各种可能性构成的连续体与之相对应，而实际的度量基本型即从中选出。现在，选择适应点阵而非适应度量的坐标系的优点通过可变基本型$G(x)$ 沿一个简单的凸连续流形而变化即可看出；而采用适应度量的坐标系的话，以可变基本型的形式呈现的点阵L将变成由几部分构成的连续体，如D_1所示。先考虑下剔除平移 108

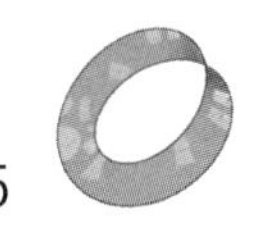

后的齐次群$\Gamma=\{\Delta\}$，再考虑下完整的装饰群Δ，这一优点就完全看出来了。将离散的和连续的进行分离，在我看来，是一切形态学的一个基本问题，而将这两种特性明显区分开来的装饰和晶体的形态学就是一个典范。

讨论了所有这些多少有点抽象的数学概念后，现在来看几幅具有双重无限和谐的表面装饰图。在墙纸、地毯、地砖、镶木地板、各种衣料，特别是印花布等等中都能找到它们。一旦打开视界，你将惊奇于日常生活中无数的对称图案。阿拉伯人曾是几何装饰艺术最伟大的大师。具有阿拉伯渊源的建筑物（比如格拉纳达的阿尔汗布拉宫）墙壁上的灰泥装饰图案非常多，令人叹为观止。

为了描述二维装饰图案，需要知道二维情况下的全等映射是什么样的。运动可以是平移，也可以是绕点O的旋转。如果我们的对称群中有这样的旋转，且群中所有绕O点的旋转均为$360°/n$的整数倍，那么我们就称O为重数（multiplicity）n的极点，或简写为n-极点。我们知道，n的值只能取2、3、4、6。一个非真全等，要么是相对于直线l的反射，要么是这样一个反射与沿l的平移$\boldsymbol{a}$的复合。如果非真全等在我们的群中，则l在两种情况下分别称为轴和滑移轴。对于后一种情况来说，全等的迭代给出向量为$2\boldsymbol{a}$的平移；因此滑移向量$\boldsymbol{a}$必然等于群中一个点阵向量的1/2。

109

第一幅图（图61）画的是六边形点阵，现在我们就从它出发展开讨论：它具有非常丰富的对称性，有重数分别为2、3和6的极点，图中分别用点、小三角形和小六边形来表示。连接两个六重极点的向量是点阵向量。图中的直线都是轴。也有滑移轴，只是图中并未标示出来；它们平行于轴，并位于相邻两根轴中间。可能的六边形类型的对称群有五个，在每一个6重极点上分别放

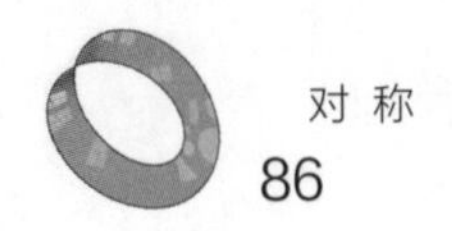

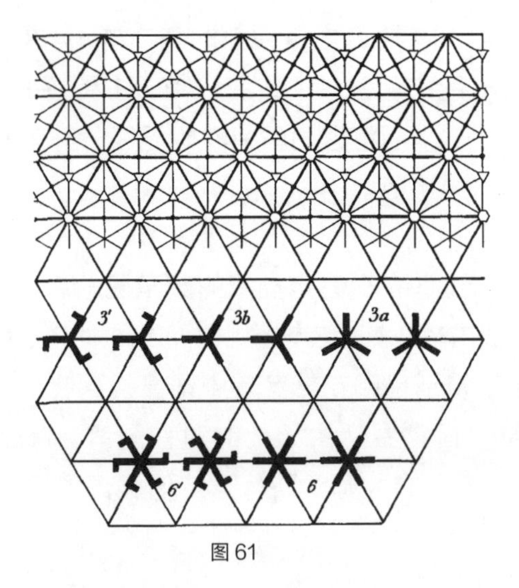

图61

图62

图 63

上简单的图案***6***、***6***、***3***、***3a***或***3b***即可得到。图案***6***和***6***保留了极点的重数6，只是***6***破坏了对称轴。图案***3***、***3a***或***3b***将这些极点的重 [110] 数减小为3；其中***3***导致该图没有对称轴；***3a***使得对称轴通过每一个3重极点；而***3b***使得对称轴只通过重数为6的那些点（占总数的1/3）。相应的齐次群分别为D_6、C_6、C_3、D_3^a和D_3^b，其中D_3^a和D_3^b是D_3在适应点阵的坐标系中所呈现出的两种幺模不等价形式。

接下来请看一些来自摩尔文化、埃及和中国的实际装饰图案。图62是14世纪建于开罗的一座清真寺的窗户，它属于六 [111] 边形类D_6对称型。其基本图形是三叶结，工匠们以超凡的艺术手法用种种组合把它们交织起来。几乎不曾截断的线条沿着水平、60°、120°三个方向穿越了整个图案；这些线条的中线都是滑移轴。很容易就能找出那些是普通轴的直线。格拉纳达的阿尔汗布拉宫中有一座百合花大厅，装饰其壁龛后部的彩色贴砖的图 [112] 案（图63）就没有这样的轴。这里的群是***3'***或***6'***，视是否考虑颜色而定。由某群Δ所表示的几何图案的对称性，通过涂色而降为由**Δ**的一个子群所表示的更低阶的对称性，是装饰艺术中更精细的手法之一。大家所熟悉的铺砖路面图案（图64）具有正方形类D_4对称性；有趣的是，图案中过4重数极点没有普通轴，只有滑移轴。下一幅图（图65）所示的埃及装饰，以及两幅摩尔装饰图案（图66）也具有相同的对称性。欧文·琼斯（Owen Jones）的《装饰艺术》（*Grammar of Ornaments*）是这方面的一部重要著作。丹尼尔·史茨·戴（Daniel Sheets Dye）的《中国窗格艺术》（*Grammar of Chinese Lattice*）更具特色，讨论的是中国人用来支撑窗纸而设计的窗格。我引用了该书中别具特色的两幅图案（图67和图68），其中一幅属六边形类，另一幅属D_4型。 [113]

我希望能详细分析一下其中一些装饰图案。但这样做需要一个前提，即先对那17个装饰群进行明确的代数描述。这次讲座的目的是介绍装饰（和晶体）形态学的一般数学原理，而不是对单个装饰图案进行群论分析。限于时间，无论是抽象方面还是实体方面，我都没能作充分的介绍。我尽力解释了一些基本的数学概念，并向你们展示了一些图片：我指明了架在二者之间的桥梁，115 却不能带领你们一步步跨过去。

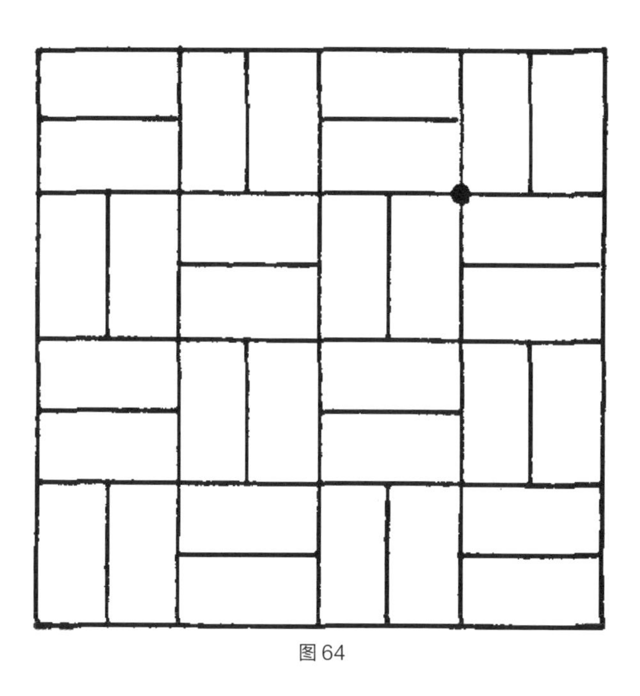

图 64

图65

图66

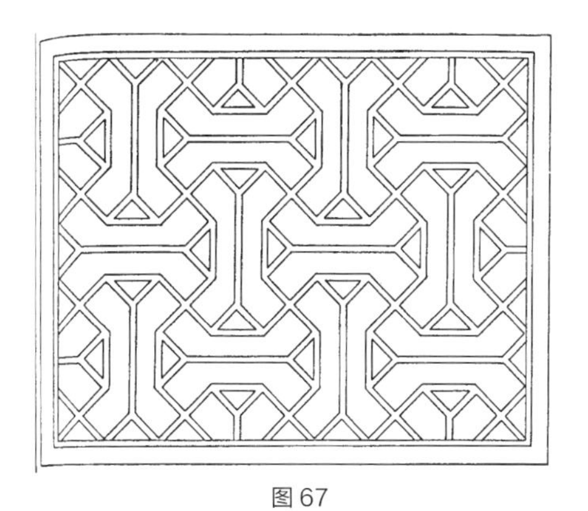

图 67

图 68

第四章

晶体
对称性的一般数学思想

上一讲我们讨论了二维对称性问题，给出了下述各种完整列表：(i) 齐次正交变换的所有正交不等价有限群列表；(ii) 具有不变点阵的所有这种群的列表；(iii) 所有系数为整数的齐次变换幺模不等价有限群列表；(iv) 所有只包含整数坐标平移的非齐次线性变换的幺模不等价不连续群列表。

列表 (i) 即莱昂纳多列表：

$$C_n, D_n \quad (n = 1, 2, 3, \cdots)$$

将该表中的角标n的值限制为$n = 1, 2, 3, 4, 6$,便得到列表(ii)。这四个列表里的群数目h_{i}、h_{ii}、h_{iii}、h_{iv}分别为

$$\infty, 10, 13, 17$$

毫无疑问，问题（iii）是最重要的。已经有人对一维直线而非二维平面提出过这四个问题，答案很简单，h_{i}、h_{ii}、h_{iii}、h_{iv}均等于2。实际上对于(i)(ii)(iii)来说，相应的群要么仅由恒等变换$x' = x$构成，要么由恒等变换和反射$x' = -x$构成。

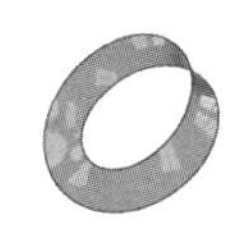

不过，我们现在要做的并不是从二维降到一维，而是从二维升至三维。在第二讲末尾我们已列出了三维情形的所有有限旋转群；这里，我们再回忆一下。

表A：

$$C_n,\quad \bar{C}_n,\quad C_{2n}C_n\qquad (n=1,2,3,\cdots)$$
$$D'_n,\quad \bar{D}'_n,\quad D'_{2n}D'_n,\quad D'_nC_n\qquad (n=2,3,\cdots)$$
$$T,\ W,\ P;\quad \bar{T},\quad \bar{W},\quad \bar{P};\quad WT$$

如果要求群的操作是点阵不变的，则只有重数为2、3、4、6的旋转轴才满足要求。有了这一限制，表A就变成了

表B：

$$C_1,\ C_2,\ C_3,\ C_4,\ C_6;\qquad \bar{C}_1,\ \bar{C}_2,\ \bar{C}_3,\ \bar{C}_4,\ \bar{C}_6;$$
$$D'_2,\ D'_3,\ D'_4,\ D'_6;\qquad \bar{D}'_2,\ \bar{D}'_3,\ \bar{D}'_4,\ \bar{D}'_6;$$
$$C_2C_1,\ C_4C_2,\ C_6C_3;$$
$$D'_4D'_2,\ D'_6D'_3;$$
$$D'_2C_2,\ D'_3C_3,\ D'_4C_4,\ D'_6C_6;$$
$$T,\ W,\ \bar{T},\ \bar{W},\ WT$$

其中一共有32个成员。很容易证明，这32个群中的每一个都拥有不变点阵。在三维情况下，h_{i}、h_{ii}、h_{iii}、h_{iv}的值分别为：

$$\infty,\ 32,\ 70,\ 230$$

用代数工具来处理的话，我们的问题就不必局限于二维或三维情形，可以推广至任意m个变量x_1，x_2，$\cdots$，x_m，相应的有限性定理（theorems of finiteness）已经得到了证明。这些方法极具数学价值。“度量加点阵”是二次型算术理论的基础，而高斯开创的该理论在整个19世纪的数论中发挥着中心作用。狄利克雷（Dirichlet）、埃尔米特（Hermite）以及更近一些的闵可夫斯基

(Minkowski)和西格尔(Siegel),均对这方面的研究做出了各自的贡献。正是基于他们所取得的成就,以及所谓的代数或超复数系统(hypercomplex number system)的更精细算术理论,m维空间装饰对称性研究才得以进行。上一代的代数学家,比如美国的迪克森(L. Dickson),就在超复数系统研究方面做了大量工作。

我们用平面装饰物来装饰表面。艺术从未走进立体装饰,自然界中却存在着立体装饰。晶体中原子的排列就属于立体装饰。表面为平面的晶体的几何形式是自然界一种迷人的现象。然而,晶体的真正物理对称性更多地由晶态物质的内部物理结构所揭示,而不是由其外观所表现。设想晶态物质充满整个空间。晶体的宏观对称性可用旋转群Γ来表示。只有在群中旋转的作用下转换为彼此时,晶体在空间中的取向才是物理上不可区分的。譬如说,光在晶态介质中沿不同方向的传播速度通常是不同的,沿在群Γ中旋转的作用下可转换为彼此的方向的传播速度却相同。所有其他的物理性质亦如此。对于各向同性介质来说,群Γ包含所有的旋转,但对于晶体来说,Γ只包含有限个旋转,有时甚至只包含恒等变换。在晶体学史早期,人们从晶体的平面表面的排列出发导出了有理指数定律(the law of rational indices)。由此产生了晶体具有点阵状原子结构的假说,解释了有理指数定律的这一假说,并由劳厄(Laue)干涉图样完全证实,后者实质上就是晶体的X射线照相。

121

更精确地说,该假说指出,使得晶体中的原子排列变换为自身的全等变换所构成的不连续群Δ,最多包含3个线性无关的平移。另外这一假说可以简化为更为简单的要求。在Δ中某个操作作用下位置互换的原子可以称为等价的。等价的原子构成一个规则的点集(pointset),这里指的是:点集在Δ中任一操作的作用下均变换为其自身,且对于点集里的任意两点来说,Δ中都存在

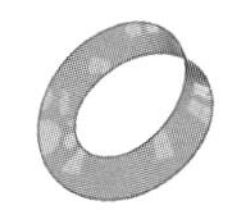

一个操作能使二者相互转换。这里原子的排列指的是它们的平衡位置；实际上原子不停地在这些平衡位置附近振动。或许应该按照量子力学的说法，用原子的平均分布密度来代替精确位置：空间中的密度函数对于Δ的操作是不变的。Δ中那些全等变换的旋转部分构成的群$\Gamma = \{\Delta\}$使得点阵L保持不变，这里L是对原点O进行Δ中的平移操作所得到的点阵。表B列举的所得出的32种Γ的可能性，分别对应于晶体中存在的32种对称类。而如前所述，群Δ本身有230种可能性。[1] $\Gamma = \{\Delta\}$描述的是宏观上的空间和物理对称性，而Δ定义的是隐藏在后面的微观的原子对称性。大家或许都知道冯・劳厄（von Laue）晶体摄像的成功取决于什么。只有物体细节的尺寸远大于光的波长时，在这种光的照射下所形成的像才足够清晰，而尺寸更小的细节就不清晰了。普通光的波长大约是原子间距的1000倍；而X射线的波长正是劳厄所期望的10^{-8}cm量级。这样劳厄就一箭双雕：既证实了晶体的点阵结构，又证明了X射线是短波光。在他得出该发现时的1912年，后者还只是尝试性的假说。即便如此，他的照片所显示的那些原子图样也不是通常意义上的照片：通过观察一条宽度仅为几个波长的狭缝，可以得到由干涉条纹组成的这一狭缝的像，只是多少有点扭曲。与之类似，这些劳厄照片也是原子点阵的干涉图样。人们可以根据这些照片计算出原子的实际排列，其尺度由照射的X射线的波长决定。图69和图70是两张闪锌矿的劳厄照片，均引自劳厄的论文（1912年）；二者拍摄所沿的方向分别能呈现出晶体阶数为4和3的绕轴对称性。在讲演中，我可以给大家看原子实际排列的各种（放大的）三维模型，而就本书而言，一张这类模型的图片（图71）想必已经足够了：这是化学成分为TiO_2的锐钛矿的一小部分；浅色小球代表钛原子，深色小球代表氧原子。

122

123

1. 可参见P. Niggli的*Geometrische Kristallographie des Diskontinuums*（Berlin, 1920）等书。

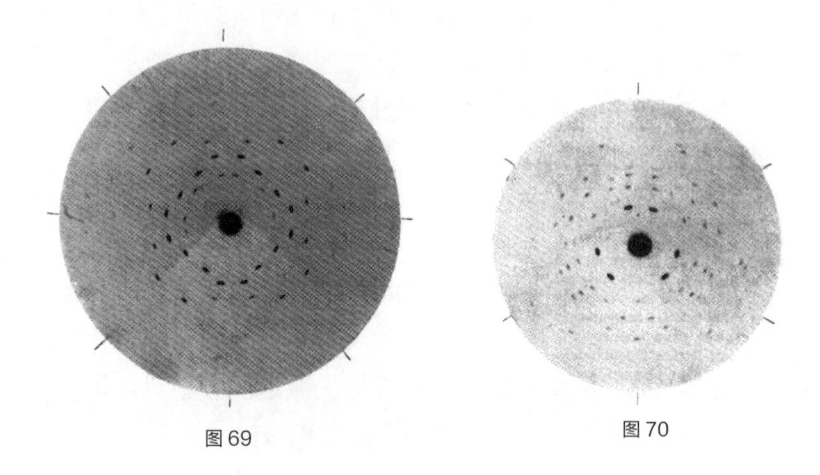
图 69　　图 70

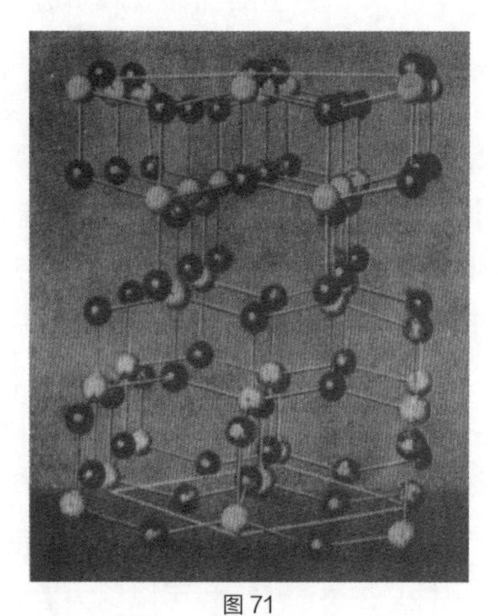
图 71

尽管存在有损X射线照片质量的畸变，但是晶体的对称性还是充分展现了出来。这只是一个特例，而一般的原则是：如果唯一决定结果的条件具有某些对称性，则结果也具有相同的对称性。所以阿基米德曾推定，相同的重量在臂长相等的天平两端保持平衡。的确，整个系统相对于天平的正中面是对称的，所以不可能

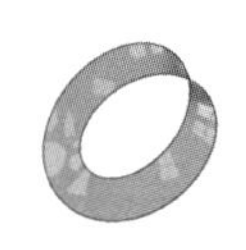

125 一端上扬一端下沉。基于同样的原因，可以确定掷完美立方体骰子时，每一面朝上的概率都相等，均为1/6。有时我们可以根据对称性就一些特殊的情形给出先验的预判，而一般情形，比如非等臂长天平的平衡定律，只能通过实验或根据基于实验的物理原理来确定。在我看来，物理学中所有先验性论述均有其对称性根源。

关于对称性，除了上述认识论方面的讨论，我还要再补充几句。现如今，晶体形态学定律是通过原子动力学来理解的：如果相同的原子彼此施加作用力，使得原子全体可能处于受限平衡状态，那么处于平衡状态的原子必然自动排列成规则点系。组成晶体的原子的性质决定了原子在给定的外界条件下的排列方式，而关于这些排列方式，纯粹的形态学研究列出了230种对称群Δ，不过仍有一片连续的范围没有覆盖。晶格的动力学也决定了晶体的物理行为，特别是晶体的生长方式，这又反过来决定了晶体在环境因素的影响下所具有的独特形状。所以自然界中存在的晶体呈现出各种各样的对称性，其形式之繁多让汉斯·卡斯托普在魔山上惊叹不已。*物体的可见特性通常是其组成成分和环境影响的126 共同结果。分子具有确定的化学组分的水，是呈固态、液态还是气态，由温度决定。温度就是环境因素。晶体学、化学和遗传学方面的实例，让人们不免猜想，生物学家称之为隐性和显性，或先天和后天的二象性，可能在某些方面与离散和连续之间的区别有关；我们已经看到，晶体的特征完全可以区分为离散的和连续的。但我并不否认，这一一般性的问题需要认识论方面的进一步澄清。

现在是时候结束关于装饰和晶体的几何对称性的讨论了。最后这一章的主要目的是说明对称性原理在远为重要的一些物理和数学问题上也发挥着作用，并且要从这些问题及前述对称性原理

---

*译注：出自托马斯·曼的《魔山》一书，见第二章。

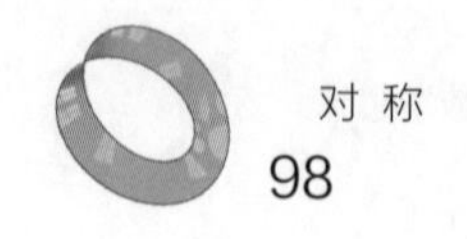

的应用出发，得出该原理的最终一般表述。

相对性理论与对称性的关系在第一章中已作过简要解释：在研究空间中的几何形状的对称性之前，必须研究空间自身在相同条件下所具有的结构。空无一物的空间具有高度对称性：每一点都一样，而且从某一点出发的所有方向都没有内在区别。我曾讲过，莱布尼茨曾就相似性的几何概念给出过哲学上的解释：相似，是指两个事物，如果就各自本身来考查的话，是不能区分的。因此，考虑同一平面上两个正方形之间的关系时，二者可能会显示出许多差异，比如，一个正方形的边可能相对于另一正方形的边倾斜34°。但就每一个正方形本身而言，就其中一个作出的任何客观陈述，对于另一个也同样成立；从这一意义上讲，两个正方形是不可区分的，因此是相似的。我将通过“竖直（vertical）”这个词的含义来说明客观陈述所必须满足的要求。与伊壁鸠鲁（Epicurus）相反，我们现代人并不认为“一条线是竖直的”是客观陈述，因为我们认为它是“该线与P点处的重力方向相同”这一更为完整的陈述的简略说法。于是，重力场就作为一个条件因素进入了该命题，而且还引入了我们手指所指的点P，这个单独呈现的点代表了诸如“我”“这里”“现在”和“这个”等限定条件。认识到我住的地方的重力方向和斯大林住的地方的重力方向是不同的，而且物质的重新分布也会导致重力方向发生改变后，伊壁鸠鲁的信念就破碎了。

127

对于客观性的分析，这里简要作个评论就够了，不需要再作更透彻的分析。具体说来，就几何而言，我们已经像亥姆霍兹那样把全等的客观关系视为空间中的一个基本客观关系。第二章开头我们谈到了全等变换群，它是所有相似变换构成的群的一个子群。在继续讨论之前，我想进一步澄清下这两个群之间的关系，因为存在长度的相对性这一令人不安的问题。

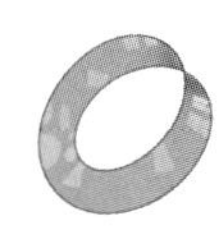

在通常的几何学中，长度是相对的：一幢大楼和它的模型是相似的；伸缩属于自同构。[128] 但是物理学已经揭示，在原子的构造，或者更确切地说，基本粒子（特别是具有确定电荷和质量的电子）的构造中，确立了一个绝对标准长度。利用原子发出的光谱线的波长，该原子的标准长度可用于实际测量。从自然界本身得出的这种绝对标准，要比保存在巴黎国际度量衡局保管库里的铂–铱米原器好得多。我认为实际的情况应该是这样的：相对于一个完备的参照系，不只是空间中的点，所有的物理量都能用数字确定下来。如果自然界所有普适的几何定律和物理定律在两个参照系中都具有同样的代数表达式，那么这两个参照系就是等效的。等效参照系之间的变换，就构成了*物理自同构*群；自然定律对于这个群的变换是不变的。事实上，群里的变换由该变换与空间点的坐标有关的那一部分唯一确定。于是，我们可以称之为*空间的*物理自同构。空间的物理自同构群并不包含伸缩，因为原子的特性确定了绝对长度；不过该群包含反射，因为没有哪个自然定律能指出左和右之间存在内在区别。因此，物理自同构群就由所有真的和非真的全等映射构成。[129] 如果空间中两个构形在该群的某个变换下变换为彼此，我们就称这两个构形是全等的，那么互为镜像的物体就是全等的。我认为有必要用全等的这一定义替代依赖于刚体运动的那个定义，其原因与物理学家用温度的热力学定义替代普通温度计定义类似。物理自同构群，也就是全等映射群确立后，就可以把几何学定义为讨论空间图形之全等关系的科学，于是*几何自同构*指的就是把任意两个全等图形变换成全等图形的那些空间变换——我们不必像康德那样，为这种几何自同构群比物理自同构群更宽泛并且包含伸缩而感到惊奇。

上面的这些考虑都有一欠缺之处：它们忽视了物理事件不只发生在空间里，还发生在*时空*里；世界延展为一个四维而非三维连续体。这个四维环境的对称性、相对性或均匀性，是爱因斯

坦最先作了正确描述。我们要问的问题是："两个事件发生在同一位置"这一陈述是否具有客观意义？我们倾向于认为有；显然，如果这样认为，就是把位置理解为相对于我们生活在其上的地球的位置了。但我们能肯定地球是静止不动的吗？现在就连小孩子在学校里也会学到，地球具有自转，并在空间中运动。牛顿写了《自然哲学的数学原理》（*Philosophiae naturalis principia mathematica*）这部专著来回答这个问题，如他所说，要从物体之间的差别（即可观察的相对运动）和作用在物体上的力来推导出它们的绝对运动。然而，尽管他坚定地相信绝对空间，即相信"两个事件发生在同一位置"这一陈述的客观性，也只是把匀速直线运动（即所谓的一致平移）与所有其他运动客观地区分开来，却没能把质点的静止状态与所有其他可能的运动客观地区分开来。再者，"两个事件同时发生"（但不同地，譬如说一个在地球上，另一个在天狼星上）这一陈述是否具有客观意义？在爱因斯坦之前，人们的回答都是有。这种信念的基础显然在于，人们习惯于认为事件发生在他们观察到它的那个时刻。但是这种信念的基础早已被奥拉夫·雷默（Olaf Roemer）的发现推翻了，这一发现就是光是以有限的速度，而非瞬时传播的。这样人们就开始认识到，在四维时空连续体中，只有两个世界点的重合（"此时此地"）或紧邻关系，才具有直接可验证的意义。但是，把这个四维连续体分成同时性三维层和一维纤维空间中静止点的世界线的交叉纤维化之后，还能否描述世界结构的客观特征，就值得怀疑了。爱因斯坦所做的工作是，兼容并包地收集了所有关于四维时空连续体真实结构的所有物理证据，并由此推导出它真正的自同构群。这个群被称为洛伦兹群，以荷兰物理学家洛伦兹（H. A. Lorentz）的名字命名，他是爱因斯坦的施洗约翰，为相对论的诞生铺平了道路。根据这个群，人们证明了既不存在同时不变层，也不存在静止不变纤维。光锥（light cone），即能接收到从给定世界点 O（"此时此地"）发出的光信号的所有世界点的集合，把世界分成

130

131

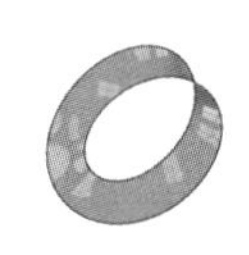

将来和过去两部分，即我在O点所做的事所能影响到的部分和影响不到的部分。这意味着没有什么效应比光传播得更快，世界具有由各个世界点发出的光锥所描述的客观因果结构（objective causal structure）。这里我们不必写出洛伦兹变换（Lorentz transformations）表达式，并概述狭义相对论（special relativity）及其固定的因果和惯性结构是如何让位于这些结构随与物质的相互作用而变化的广义相对论（general relativity）的，[2]我只想指出，相对论讨论的正是空间和时间四维连续体的内在对称性。

我们发现，客观性（objectivity）即意味着相对于这个自同构群的不变性。实际的自同构群到底是什么，现实世界可能给不了明确的回答，出于某些研究的目的，可能会用更宽泛的群来代替自同构群。比如在平面几何中，我们可能只对在平行投影或中心投影下保持不变的那些关系感兴趣；这就是仿射几何和投影几何的起源。对于给定的变换群，如何找出它的不变要素（不变关系、不变量等等）？提出这一普遍性问题，并对于比较重要的特殊群解决这一问题（不管这些群是否是自然规律决定的某种领域的自同构群），数学家由此对所有可能遇到的情况预先做好准备。这就是菲利克斯·克莱因（Felix Klein）抽象意义上的所谓的“一种几何学”。克莱因说，一种几何学由一个变换群定义，研究的是在这一给定群的变换下保持不变的一切。谈及对称性，人们是对于整个群的某个子群γ来说的，我们应该特别关注有限子群。一个图形，亦即一个点集，如果在该子群γ的变换下变为自身，那么它就具有由γ定义的那种特殊对称性。

相对论和量子力学的创建，是20世纪物理学上的两大事件。

2.可参考德意志自然研究者协会（Gesellschaft deutscher Naturforscher）最近在慕尼黑举行的会议上我所作的演讲《相对论50年》（50 *Jahre Relativitätstheorie*），刊于《自然科学》(*Die Naturwissenschaften*)38 (1951), pp. 73—83。

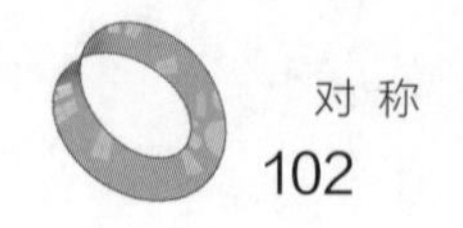

量子力学与对称性之间是否也存在着某种关联？确实存在。对称性在原子光谱和分子光谱的排序中起着重要作用，而量子物理学原理提供了理解这些光谱的钥匙。在量子物理学取得首次成功之前，人们已汇集了有关光谱线及其波长和排列的规律性的大量实验资料；这一成功是指推导出了氢原子光谱的所谓巴耳末线系（Balmer series）定律，并指出了这一定律中特征常量与电子的电荷、质量，以及著名的普朗克常量h之间的关系。从那时起，对光谱的解释就伴随着量子物理学的发展而发展；那些关键的新特征，比如电子自旋和奇怪的泡利（Pauli）不相容原理（exclusion principle），就是这样发现的。后来的结果表明，这些基础奠定之后，对称性将大大有助于阐明光谱的一般特征。

133

近似说来，原子是一群电子，譬如说n个，绕固定在O点的原子核运动。之所以用“近似”这个词，是因为“原子核是固定的”这一假定并不严格成立，这甚至比把太阳当作太阳系的固定中心来处理更不恰当。因为太阳的质量是像地球这样的单个行星的300000倍，而作为氢原子核的质子，其质量却不到电子的2000倍。尽管如此，这仍是一个很好的近似！为了区分这n个电子，我们给它们加上标号1，2，⋯，n；支配它们运动的定律考查的是它们在以O为原点的笛卡儿坐标系中的位置坐标P_1，P_2，⋯，P_n。这里对称性的主要含义有两个方面：首先，从一个笛卡儿坐标系变换到另一个笛卡儿坐标系时必然有不变性，这种对称性来自空间的旋转对称性，且由关于O点的几何旋转群来表示；其次，所有的电子都相同，用1，2，⋯，n这些标号来区分只是赋予它们不同的名字，并不是说它们性质有什么不同：通过电子的任意置换可以变换为彼此的两个电子系统是不可区分的。置换指的是标号的重新排列，它实际上是一组标号（1，2，⋯，n）到其自身的一对一映射，如果你愿意的话，也可以说是相应的点集（P_1，P_2，⋯，P_n）到其自身的一对一映射。因此，比如，在n = 5的情况下，用点P_3，

134

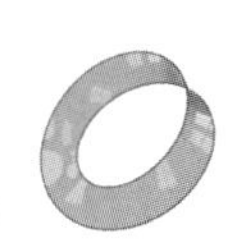

P_5，P_2，P_1，P_4代换点P_1，P_2，P_3，P_4，P_5（即$1 \to 3$，$2 \to 5$，$3 \to 2$，$4 \to 1$，$5 \to 4$的置换）的话，物理定律必然不受影响。这些置换构成了一个阶数为$n! = 1 \times 2 \times \cdots \times n$的群，第二类对称性就由该置换群来表示。在量子力学中，我们用多维空间（实际上是无限维空间）中的向量来表示物理系统的状态。如果电子系统的两个态能通过该系统的一个虚拟旋转或置换变换为彼此，则它们是通过一个与该旋转或该置换相关的线性变换联系起来的。于是，群论中意义最为深刻、最为系统的部分，即用线性变换来表示群的理论，就发挥了作用。这是一个难度较大的题目，我必须就此打住，不能再细说了。不过，这里证明了，对称性再次为研究一个内容丰富且非常重要的领域提供了线索。

我从艺术、生物学、晶体学和物理学谈起，最终落到数学上来。数学要着重讨论一下，因为一些基本概念，特别是群的基本概念，最初就是从数学上的应用，特别是代数方程理论方面的应用发展起来的。代数学家是与数字打交道的，但他们所能进行的运算只有加、减、乘、除这四种。从0和1出发，通过这四种运算得到的数是有理数。这些数构成的数域F对于这四种运算是封闭的，即两个有理数的和、差、积仍是有理数，而除数不为0的商也是有理数。这样一来，如果几何学和物理学没有提出解析连续性并把有理数嵌入连续的实数中的迫切要求，代数学家就没有理由踏出数域F。当古希腊人发现正方形的对角线与边长不可通约的时候，就第一次出现了这种需要。其后不久，欧多克索斯（Eudoxus）总结了构建适用于所有测量的实数系统的基础原则。后来在文艺复兴时期，代数方程的求解问题导致了具有实分量(a, b)的复数$a + bi$的引入。当人们认识到复数只不过是普通的实数组(a, b)，只是其加法和乘法的定义使得算术中所熟知的定律均得以保持后，最初笼罩在复数及虚数单位$i = \sqrt{-1}$身上的神秘感就完全消失了。事实上，如下操作即可做到这一点：任何实数a均

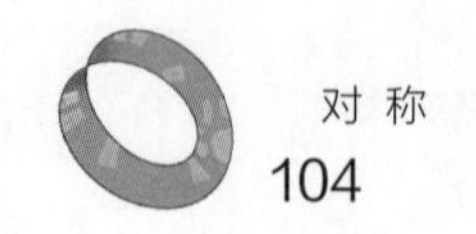

等同于复数$(a, 0)$；$i=(0, 1)$的平方$i\cdot i=i^2$等于-1，或者更明确点说，等于$(-1, 0)$。这样一来，没有任何实数解的方程$x^2+1=0$就变得可解了。19世纪初期，人们已证明引入复数后不仅这一方程变得可解，所有代数方程也可解。未定元为x的方程

$$f(x)=x^n+a_1x^{n-1}+a_2x^{n-2}+\cdots+a_{n-1}x+a_n=0 \qquad (1)$$

不管次数n和系数a_ν取何值，总有n个解，或者说有n个“根”：$\theta_1, \theta_2, \cdots, \theta_n$，使得多项式 $f(x)$ 可以分解为n个因子：

136

$$f(x)=(x-\theta_1)(x-\theta_2)\cdots(x-\theta_n)$$

式中x是变量，或者说是未定元，方程则意味着等号两边的两个多项式的相应系数相等。

代数学家用加法和乘法运算在两个未定元x, y之间构建的这种关系式总是可以写成$R(x, y)=0$的形式，其中两个变量x, y的函数$R(x, y)$是一个多项式，即形式为

$$a_{\mu,\nu}x^\mu y^\nu \quad (\mu, \nu=0, 1, 2, \cdots)$$

且系数$a_{\mu,\nu}$为有理数的单项式的有限和。这些关系在代数学家看来就是可解的“客观关系”。给定两个复数α, β，代数学家会问，存在什么样的系数为有理数的多项式$R(x, y)$，当用α代替未定元x，用β代替未定元y时，多项式等于零。从两个复数出发可以推广至任意多个给定复数$\theta_1, \theta_2, \cdots, \theta_n$。代数学家会寻找这一数集$\Sigma$的自同构，亦即不会破坏它们的代数关系$R(\theta_1, \theta_2, \cdots, \theta_n)=0$的置换。这里$R(x_1, x_1, \cdots, x_n)$是$n$个未定元$x_1, x_2, \cdots, x_n$的任意有理系数多项式，用$\theta_1, \theta_2, \cdots, \theta_n$代替$x_1, x_2, \cdots, x_n$时，该多项式归于零。这些

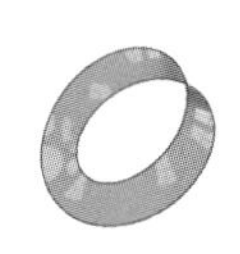

137 自同构构成了一个群，称为*伽罗瓦群*（Galois group），以法国数学家埃瓦里斯特·伽罗瓦（Evariste Galois，1811—1832）的名字命名。如刚才所讲，伽罗瓦理论不过是对于集合Σ给出的相对性理论，由于离散性和有限性，这一集合在概念上远比相对论所讨论的空间或时空中的无限点集简单。当特别假定集合Σ中的元θ_1，θ_2，…，θ_n为具有有理系数a_v的n次代数方程(1) $f(x)=0$的n个根时，我们的讨论就完全没有脱离代数的限制。那么，讨论的就是方程 $f(x)=0$的伽罗瓦群。要确定这个群可能很困难，因为需要研究满足某些条件的所有多项式$R(x_1, x_2, \cdots, x_n)$。但是，一旦确定了这个群，就能从它的结构中了解到许多关于求解此方程的标准步骤。伽罗瓦的思想在好几十年里一直被视为天书，不过后来对数学的整体发展产生了愈来愈深远的影响。这些思想都记录在他临终前夕交给友人的一封诀别信中。次日，他便在一次愚蠢的决斗中失去了生命，年仅21岁。这封信，如果从所包含的思想之新奇和影响之深远来讲，也许是人类知识宝库中最具价值的一份手稿。下面给出伽罗瓦理论的两个例子。

第一个例子取自古代。正方形的对角线与其边长之比为$\sqrt{2}$，这是由有理数系数二次方程

$$x^2-2=0 \qquad (2)$$

138 决定的。该方程的两个根分别为$\theta_1=\sqrt{2}$ 和 $\theta_2=-\theta_1=-\sqrt{2}$，即

$$x^2-2=(x-\sqrt{2})(x+\sqrt{2})$$

如上所述，它们是无理数。归功于毕达哥拉斯学派的这一发现给古代思想家留下了深刻印象，这一点从柏拉图《对话录》中的若干章节可以看出。正是这种洞见，迫使古希腊人用几何语言而不

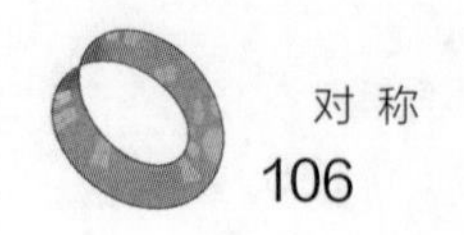

是代数语言来表达关于数量的一般原理。设$R(x_1, x_2)$是x_1，x_2的一个有理系数多项式，且当$x_1 = \theta_1$，$x_2 = \theta_2$时其值为零。现在的问题是，$R(\theta_2, \theta_1)$是否也为零。如果能够证明对于每一个R来说答案都是肯定的，那么对换（transposition）

$$\theta_1 \to \theta_2, \theta_2 \to \theta_1 \tag{3}$$

就是一种自同构，与恒等映射$\theta_1 \to \theta_1$，$\theta_2 \to \theta_2$一样。其证明如下：单个未定元x的多项式$R(x,-x)$在$x = \theta_1$时等于零。将其除以（x^2-2）

$$R(x, -x) = (x^2-2) \cdot Q(x) + (ax+b)$$

会得到系数a，b均为有理数的一次余式$ax+b$。用θ_1代换x，所得的方程$ax+b=0$与$\theta_1 = \sqrt{2}$的无理数性质相矛盾，除非$a=0$且$b=0$。所以

$$R(x, -x) = (x^2-2) \cdot Q(x)$$

从而有$R(\theta_2, \theta_1) = R(\theta_2, -\theta_2) = 0$。因此，自同构群除恒等映射之外还包含对换(3)的事实，就等价于$\sqrt{2}$是无理数。

另一个例子是高斯的正十七边形尺规作图法。他还是一个19岁的小伙子时就发明了这一作图法。当时他还在犹豫以后是从事古典文献学还是数学方面的研究，这一成功促使他做出了选择数学的最终决定。我们用具有实笛卡儿坐标(x, y)的点来表示任意的复数$z = x+yi$。代数方程 139

$$z^p-1 = 0$$

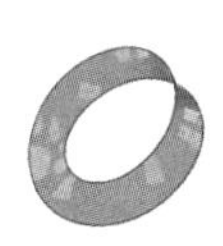

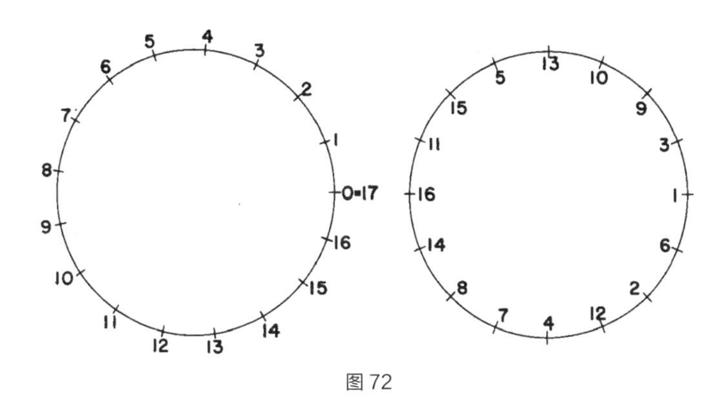

图 72

有p个根，他们构成了一个正p边形的顶点。z=1是其中一个顶点，并且由于

$$z^p-1=(z-1)\cdot(z^{p-1}+z^{p-2}+\cdots+z+1)$$

所以，其他顶点就是方程

$$z^{p-1}+z^{p-2}+\cdots+z+1=0 \quad (4)$$

的根。如果我们现在假定，p为素数，那么这（$p-1$）个根在代数学上就是不可区分的，而且它们的自同构群是一个（$p-1$）阶的循环群。先来讨论一下p =17的情况。图72中左侧的17点图显示了17个顶点，而右侧的16点图以一种神秘的循环排列方式展示了(4)式的16个根：拨动这个图形，即重复旋转整个圆周的1/16，则得到由16个根之间的置换给出的16个自同构。这个群C_{16}显然有一个指数为2的子群C_8；将图形旋转整个圆周的1/8，2/8，3/8，…即可得到后者。继续跳过间隔点，我们可以得到一条连续的子群链（⊃意为“包含”）：

$$C_{16} \supset C_8 \supset C_4 \supset C_2 \supset C_1$$

这条链始于完全群C_{16}，终于仅由恒等置换构成的群C_1，且链中每一个群都是包含在前一个群里的指数为2的子群。根据这一情况，可以通过4个相继二次方程构成的方程链来求解方程(4)的根。二次方程可用开平方法求解（苏美尔人已经知道这一点了）。因此，求解我们的问题，除加、减、乘、除等有理运算外，还需要四个相继的开平方运算。而这四种有理运算和开平方运算，正是那种能在几何上用尺规进行的代数运算。这就是可以用尺规作图法画出正三角形、正五边形和正十七边形（p =3，5，17）的原因；每一种情况下，相应的自同构群都是阶数（$p-1$）为2的幂的循环群：

$$3 = 2^1 + 1, \ 5 = 2^2 + 1, \ 17 = 2^4 + 1$$

有趣的是，虽然正十七边形的（外在的）几何对称性由一个阶数为17的循环群来描述，决定了它可由尺规作图法画出的（隐藏的）代数对称性却由一个阶数为16的循环群来描述。正七边形、正十一边形、正十三边形都不能用尺规作图法画出。

根据高斯的分析，仅当p为素数，且($p-1$)是2的幂，即($p-1$)= 2^n时，才可以通过尺规作图画出正p边形。然而，除非指数n也是2的幂，否则$p = 2^n+1$不可能是素数。设2^v是可整除n的最大的2的幂，即$n = 2^v \cdot m$，此处m为奇数。令$2^{2^v}=a$，则有$2^n+1 = a^m+1$。但是，对于奇数m来说，a^m+1能被$a+1$整除

$$a^m+1=(a+1)(a^{m-1}-a^{m-2}+\cdots-a+1)$$

所以这是一个可被$a+1$整除的合数，除非$m=1$。而3、5和17之后

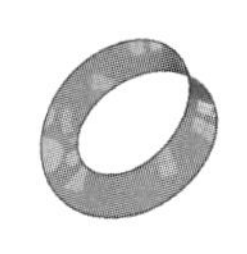

下一个形如2^n+1且为素数的数是$2^8+1=257$。这确实是一个素数，所以正257边形也可以用尺规作图法画出。

伽罗瓦理论可以用一种稍有不同的形式来表达，我将通过方程(4)来说明。考虑所有形式为$\alpha=a+b\sqrt{2}$的数，其中a，b均为有理数，我们称它们为属于域$\{\sqrt{2}\}$的数。由于$\sqrt{2}$是无理数，当且仅当$a=0$，$b=0$时，此数才为0。因此有理数a，b就由α唯一确定，因为，如有$a+b\sqrt{2}=a_1+b_1\sqrt{2}$，则有

$$(a-a_1)+(b-b_1)\sqrt{2}=0;$$
$$a-a_1=0,\quad b-b_1=0$$

或$a=a_1$，$b=b_1$，只要a,a_1和b,b_1都是有理数。显然，这一域中的两个数相加、相减和相乘得到的数仍属于这个域；除法运算的结果也不出该域。原因如下：令$\alpha=a+b\sqrt{2}$是该域中一个不等于零的数，其中a，b均为有理数；令$\alpha'=a-b\sqrt{2}$为其“共轭”。因为2并不是有理数的平方，所以所谓α的范（norm），即有理数$\alpha\alpha'=a^2-2b^2$不等于零，进而α的倒数

$$\frac{1}{\alpha}=\frac{\alpha'}{\alpha\alpha'}=\frac{a-b\sqrt{2}}{a^2-2b^2}$$

也属于该域。因此域$\{\sqrt{2}\}$关于加、减、乘、除（显然要排除除数为零的情况）四种运算是封闭的。我们现在来研究该域的自同构。一个自同构应是该域中数的一对一映射$\alpha\to\alpha^*$，使得对于该域中的任何α和β来说，该映射都将$\alpha+\beta$和$\alpha\cdot\beta$分别映射为$\alpha^*+\beta^*$和$\alpha^*\cdot\beta^*$。由此直接得出，自同构把每一个有理数变换为自身，把$\sqrt{2}$变换为满足方程$\vartheta^2-2=0$的数ϑ，即变换为$\sqrt{2}$或$-\sqrt{2}$。因此，只有两种可能的自同构：一种是将域$\{\sqrt{2}\}$中的每一个数α变换为它

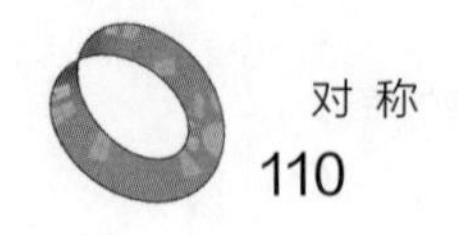

自身；另一种是将任意数$\alpha=a+b\sqrt{2}$变换为它的共轭$\alpha'=a-b\sqrt{2}$。显然，第二种操作是一个自同构，这样我们就确定了由域$\{\sqrt{2}\}$的所有自同构构成的群。

域或许是我们所能发明的最简单的代数结构。它的元素是一些数。其结构的典型特征是加法运算和乘法运算。这些运算满足某些公理，其中有些决定了加法有唯一的逆运算，称为减法，并决定乘法有唯一的逆运算（只要乘数不为零），称为除法。空间是另一例被赋予结构的实体，相应的元素是点，其结构是通过诸点之间的某些基本关系（比如，A，B，C在一条直线上，AB与CD全等，如此等等）建立起来的。我们从前述讨论中所得到的教益且确已成为现代数学中的指导原则的是：*分析赋予了结构的实体Σ时，一定要设法确定它的自同构群*，也就是那些能使所有的结构关系保持不变的元素间的变换构成的群。这样就可望深入了解Σ的构造。然后可以开始研究元素的对称构形，即在由所有自同构构成的群的某一子群的变换下保持不变的构形。在寻找这类构形之前，可以先研究一下这些子群本身，亦即由保持一个元素固定不变，或保持两个不同的元素固定不变的自同构构成的子群，同时也研究一下存在哪些不连续子群或有限子群等等。 143

在研究由变换构成的群时，最好着重于研究纯粹的群结构。可通过如下方式进行：给群的元素加上任意标号，然后用群中任意两个元素s，t的标号来表示它们的复合$u=st$。如果群是有限的，则可以制作元素复合的表。这样得到的群概型（group scheme）或者说抽象群，本身就是一个结构实体，其结构由元素的复合律或复合表来表示：$st=u$。这样，我们兜兜转转又回到了起点，或许这已足够清楚地告诉我们，该就此止步了。事实上，我们可以问，对于给定的抽象群，其自同构所构成的群是什么？使得任意元素s，t分别变换为s',t'的同时，st变换为$s't'$的群到自身的一对 144

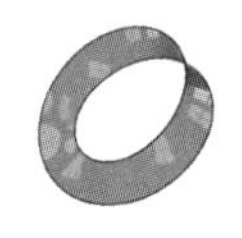

一映射 $s \to s'$ 是什么？

对称是一个很宽泛的课题，在艺术和自然界中均很重要。对称的根基处是数学；没有别的课题能更好地展示数学的智慧了。我尝试向你们介绍对称的众多类型，并引领你们从直观走向抽象，希望我没有完全失败。

145

附录A

由三维空间中的真旋转构成的所有有限群之确定

18世纪，欧拉首先证明了三维空间中所有非恒等旋转I的真旋转都是绕轴旋转，即它不仅使得原点O保持不变，也使得通过O点的某一直线，即旋转轴l上的点均保持不变,基于这一点，可以给出第二章表(5)的完备性的简单证明。考虑二维单位球体Σ绕中心O的旋转就足以说明问题了；因为每个旋转均将Σ变换为自身，所以它们都是Σ到自身的一对一映射。每一个非I的真旋转在Σ上都有两个固定的点，它们互为对跖点，亦即旋转轴l与球面的交点。

给定由真旋转构成的N阶有限群Γ，我们来考虑Γ中非I的（$N-1$）个操作的固定点。我们称它们为极点。每一个极点p都有一个明确的重数v（等于2、3或4或……）。该群中使p保持不变的操作S由绕相应的轴转过$360°/v$的旋转的迭代给出，所以恰好有v个这样的操作S。它们构成了一个v阶循环子群Γ_p。恒等旋转是其中的一个操作，所以使得p保持不变且不等于I的操作的个数为（$v-1$）。

对于球面上的任意点p，我们可以考虑在该群中操作的作用下，由自点p转换而来的点q所构成的有限集合C；我们称它们为等价于p的点。由于Γ是一个群，所以这种等价性具有相等的性质；亦即：点p与自身等价；若q等价于p，则p等价于q；如果q_1和q_2都等价于p，q_1和q_2就彼此等价。我们称该集合C为由等价点构成的一个类（class）；该类中的任意一点均可以作为p的代表，因为该类只含有p和与p等价的所有点。球面上的点对于由所有真旋转构成的群是不可区分的，属于同一个类的点对于有限子群Γ更是不可区分的。

由等价于p的点构成的类C_p中共多少个点？人们自然联想到的答案是：N个；但只有群中使得p保持不变的操作只有I时，该答案才正确。不然的话，Γ中任意两个不同的操作S_1、S_2将p变换为两个不同的点$q_1 = pS_1$和$q_2 = pS_2$；由于二者的重合$q_1 = q_2$意味着操作$S_1S_2^{-1}$将p变换为其自身，这就导致了$S_1S_2^{-1} = I$，$S_1 = S_2$。现在假设p是一个重数为v的极点，因此群中有v个操作将p变换为其自身。由此可知，类C_p所包含的点p的个数为N/v。

证明：对于给定的群Γ，该类中的点仍是不可区分的，所以每一点必然有相同的重数v。我们先理清这一点。若Γ中的操作L将p变换为q，则只要S把p变换为其自身，就有$L^{-1}SL$把q变换为q。反之亦然，即如果T是Γ中把q变换为其自身的任意操作，则有$S = LTL^{-1}$把p变换为p。所以T具有$L^{-1}SL$的形式，其中S属于群Γ_p。因此，如果$S_1 = I, S_2, \cdots, S_v$是使得$p$保持不变的那$v$个元素，则

$$T_1 = L^{-1}S_1L,\ T_2 = L^{-1}S_2L, \cdots, T_v = L^{-1}S_vL$$

就是使得q保持不变的那v个不同的操作。而且，S_1L，$S_2L, \cdots$，S_vL这v个不同的操作把p变换为q。反之亦然，即如果U是Γ中一个把p变换为q的操作，则UL^{-1}把p变换为p，从而是使得p保持不变的一个操作S；所以$U = SL$，这里S是S_1，$S_2, \cdots$，S_v等v个操作之一。现在，设q_1，$\cdots$，q_n是类$C = C_p$中的n个不同的点，并设L_i是Γ中使得p变换为q_i（$i = 1$，$\cdots$，n）的操作之一，则下表中的$n \cdot v$个操作

$S_1L_1, \cdots, S_vL_1,$

$S_1L_2, \cdots, S_vL_2,$

……

$S_1L_n, \cdots, S_vL_n$

均互不相同。事实上，每一行均由不同的操作构成。而且，譬如说，第二行中的所有操作与第五行中的所有操作必不相同，因为前者把p变换为q_2，而后者把p变成$q_5 \neq q_2$。再者，群Γ中的每一个操作都包含在上表中，因为Γ中任一操作均将p变成点$q_1, \cdots, q_n$中的一个（譬如说q_i），所以这一操作必然出现在上表中的第i行。

这就证明了关系式$N = nv$，从而也证明了重数v是N的一个约数。对于极点p，我们用符号$v = v_p$来表示它的重数；我们知道，对于给定类C中的所有极点p来说，重数都是相同的，所以v也可以更明确地用v_C来表示。类C中极点的个数n_C和极点的重数v_C满足关系式$n_Cv_C = N$。

151

做了这些准备工作后，现在我们来考察所有由Γ中一个不等于I的操作S和在S的作用下保持不变的点p构成的对象组(S, p)，或者换个说法，由任意极点p和群中使得p保持不变的任意不等于I的操作S的组合。这两种描述表明了这些对象组的两种列举法：一方面，在群中共有（$N-1$）个不等于I的操作S，且每个操作有两个在操作下保持不变的对跖点，因此共有$2(N-1)$个对象组；另一方面，对于每个极点p，群中共有（v_p-1）个使得p保持不变的非I操作，因此这种对象组的个数就等于下列历遍所有p点的求和

$$\Sigma_p(v_p - 1)$$

我们将等价极点归于一类C，考虑所有的极点，就能得到下述基本方程

$$2(N-1)=\sum_C n_C(v_C-1)$$

其中右侧的求和历遍所有的极点类C。考虑到$n_C v_C = N$，再将上式除以N，可得

$$2-\frac{2}{N}=\sum_C\left(1-\frac{1}{v_c}\right)$$

下面我们就来讨论这一方程。

最平凡的情况是群Γ仅由恒等变换I构成。此时$N = 1$，且没有极点。

152 撇开这一最平凡的情况不谈的话，可以说方程中的N至少为2，因此方程左边最小值为1，但最大不超过2。这首先意味着右边的求和式中不可能只有一项，所以至少有两个类C。不过，当然也不超过三个类。这是因为，每一个v_C至少是2，如果右边的求和式中包含4项或4项以上，则总和至少等于2。 所以，由等价极点构成的类要么是两个，要么是三个（分别称之为类Ⅱ和类Ⅲ）。

类Ⅱ. 此时方程变成

$$\frac{2}{N}=\frac{1}{v_1}+\frac{1}{v_2} \quad 或 \quad 2=\frac{N}{v_1}+\frac{N}{v_2}$$

但是，两个正整数$n_1=N/v_1$和$n_2=N/v_2$只有都等于1时，二者之和才会等于2，所以

$$v_1 = v_2 = N; \quad n_1 = n_2 = 1$$

所有这两个等价极点类均由重数为N的一个极点构成。这里我们所找到的是，由绕一根N阶（垂直）轴的旋转构成的循环群。

类Ⅲ. 此时我们有

$$\frac{1}{v_1} + \frac{1}{v_2} + \frac{1}{v_3} = 1 + \frac{2}{N}$$

把重数v按递增次序排列：$v_1 \leqslant v_2 \leqslant v_3$。这三个数不能全大于2，否则左边会得出$\leqslant 1/3 + 1/3 + 1/3 = 1$的结果，就与右边相矛盾了。因此有$v_1 = 2$，

$$\frac{1}{v_2} + \frac{1}{v_3} = \frac{1}{2} + \frac{2}{N}$$

v_2、v_3这两个数也不可能都大于4，否则左边的和将会$\leqslant 1/2$。所以$v_2 = 2$或3。

第一种情形Ⅲ$_1$：$v_1 = v_2 = 2$。此时有

$$N = 2v_3$$

第二种情形Ⅲ$_2$：$v_1 = 2$，$v_2 = 3$。此时有

$$\frac{1}{v_3} = \frac{1}{6} + \frac{2}{N}$$

对于情形Ⅲ$_1$，令$v_3 = n$。此时我们有由重数为2的极点构成的两个类，每一个类都有n个极点，同时还有一个由重数为n的两

个极点构成的类。容易看出二面体群D_n'满足这些条件，且只有该群满足这些条件。

对于情形Ⅲ$_2$，考虑到$v_3 \geqslant v_2 = 3$，有下列三种可能：

$$v_3 = 3,\ N = 12; \qquad v_3 = 4,\ N = 24; \qquad v_3 = 5,\ N = 60$$

我们分别用T, W, P来标记它们。

T: 此时有两个类，每一个类都有4个三重极点。显然，其中一个类中的所有极点必然构成一个正四面体，而另一类中的极点则是它们的对距点。于是我们就得到了四面体群。六个等价的双重极点是O在由6条边的中点构成的球面上的投影。

W: 由构成了正八面体的6个四重极点构成的一个类；所以相应的群为八面体群。由8个三重极点（对应于正八面体各面的中点）构成一个类；由12个二重极点（对应于各边的中点）构成一个类。

P: 由构成了正二十面体的12个五重极点构成的一个类。20个三重极点对应于每个面的中心；30个二重极点对应于30条边的中点。

附录B

计入非真旋转

如果三维空间中的有限旋转群Γ^*包含非真旋转，设A为其中的非真旋转之一，而S_1，⋯，S_n为其中的真旋转，后者构成子群Γ，则Γ^*包含下列两行元素，一行真旋转，一行非真旋转：

$$S_1, \cdots, S_n \tag{1}$$

$$AS_1, \cdots, AS_n \tag{2}$$

除此之外没有其他元素。因为如果T是属于Γ^*的一个非真旋转，则$A^{-1}T$为真旋转，故必与第一行中的某个元素相同，比如说S_i，因此就有，$T = AS_i$。所以Γ^*的阶数为$2n$，它的一半操作是构成群Γ的真旋转，而另一半是非真旋转。

根据非真操作Z是否属于Γ^*，分情况来讨论。对于第一种情况，我们把Z取作A，从而有$\Gamma^*=\bar{\Gamma}$。

对于第二种情况，我们可以把第二行写成如下形式：

$$ZT_1, \cdots, ZT_n \tag{2'}$$

其中T_i为真旋转。但此时所有的T_i均不同于所有的S_i。事实上，如果$T_i=S_k$，则群Γ^*将包含$ZT_i=ZS_k$和S_k，以及元素（ZS_k）$S_k^{-1}=Z$，与假设相矛盾。在这些情况下，操作

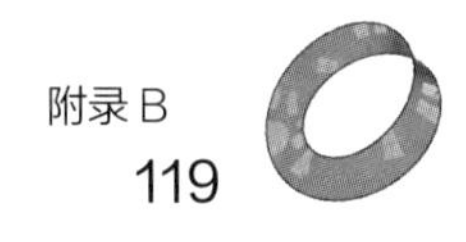

$$S_1, \cdots, S_n$$

155

$$T_1, \cdots, T_n \tag{3}$$

构成了一个2n阶的真旋转群Γ'，而Γ是其一个指数为2的子群。事实上，容易证明，(3)中的两行元素构成了一个群这一说法等价于说(1)和(2')两行元素构成了一个群（即群Γ^*）。这样一来，Γ^*就是正文中的群Γ'Γ，于是我们就证明了，构造包含非真旋转的有限群的方法仅有正文提到的那两种。

156

致 谢

我想向普林斯顿大学马昆德图书馆（Marquand Library）的海伦•哈里斯（Helen Harris）女士致以特别的谢意，她帮我找到了许多合适的艺术品照片供我引用。我还要感谢诸多出版商，他们惠允我引用其出版物中的插图。这些出版物见下：

图10, 11, 26. Alinari photographs.

图15. Anderson photograph.

图67, 68. Dye, Daniel Sheets, *A grammar of Chinese lattice*, Figs C9b, S12a, Harvard-Yenching Institute Monograph V. Cambridge, 1937.

图69, 70, 71. Ewald, P. P., *Kristalle und Röntgenstrahlen*, Figs 44, 45, 125. Springer, Berlin, 1923.

图36, 37. Haeckel, Ernst, *Kunstformen der Natur*, Pls. 10, 28. Leipzig und Wien, 1899.

图45. Haeckel, Ernst, Challenger monograph. *Report on the scientific results of the voyage of H.M.S. Challenger*, Vol. XVIII, Pl. 117. H.M.S.O., 1887.

图54. Hudnut Sales Co., Inc., advertisement in *Vogue*, February 1951.

图23, 24, 31. Jones, Owen, *The grammar of ornament*, Pls. XVI, XVII, VI. Bernard Quaritch, London, 1868.

图46. Kepler, Johannes, *Mysterium Cosmographicum*. Tübingen, 1596.

图48. Photograph by I. Kitrosser. Réalités, 1er no., Paris, 1950.

图32. Kühnel, Ernst, *Maurische Kunst*, Pl. 104. Bruno Cassirer Verlag, Berlin, 1924.

图16, 18. Ludwig, W., *Rechts-links- Problem im Tierreich und beim*

Menschen, Figs. 81, 120a. Springer, Berlin, 1932.

图17. Needham, Joseph, *Order and life*, Fig. 5. Yale University Press, New Haven, 1936.

图35. New York Botanical Garden, photograph of Iris rosiflora.

图29. Pfuhl, Ernst, *Malerei und Zeichnung der Griechen*; III. Band, Verzeichnisse und Abbildungen, Pl. I (Fig. 10). F. Bruckmann, Munich, 1923.

图62, 65. Speiser, A., *Theorie der Gruppen von endlicher Ordnung*, 3. Aufl., Figs. 40, 39. Springer, Berlin, 1924.

图3, 4, 6, 7, 9, 25, 30. Swindler, Mary H., *Ancient painting*, Figs. 91, (p. 45), 127, 192, 408, 125, 253. Yale University Press, New Haven, 1929.

图42, 43, 44, 50, 51, 52, 55, 56. Thompson, D' Arcy W., *On growth and form*, Figs. 368, 418, 448, 156, 189, 181, 322, 213. New edition, Cambridge University Press, Cambridge and New York, 1948.

图53. Reprinted from *Vogue Pattern Book*, Condé Nast Publications, 1951.

图27, 28, 39. Troll, Wilhelm, "Symmetriebetrachtung in der Biologie," *Studium Generale*, 2. Jahrgang, Heft 4/5, Figs. (19 & 20), 1, 15. Berlin-Göttingen-Heidelberg, Juli, 1949.

158 图38. U.S. Weather Bureau photograph by W. A. Bentley.

图22, 58, 59, 60, 61, 64. Weyl, Hermann, "Symmetry," *Fournal of the Washington Academy of Sciences*, Vol. 28, No. 6, June 15, 1938. Figs. 2, 5, 6, 7, 8, 9.

图8, 12. Wulff, O., *Altchristliche und byzantinische Kunst*; II, Die byzantinische Kunst, Figs. 523, 514. Akademische Verlagsgesellschaft

159 Athenaion, Berlin, 1914.

索 引

索引中的页码为本书边码。

A

B

C

D

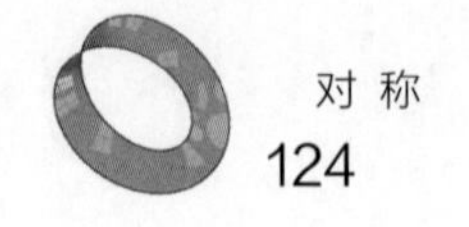

E

F

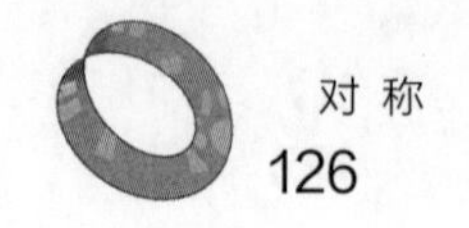

G

H

J

K

L

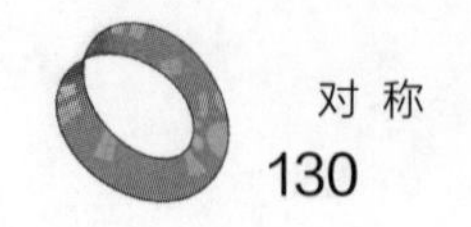

M

S

T

W

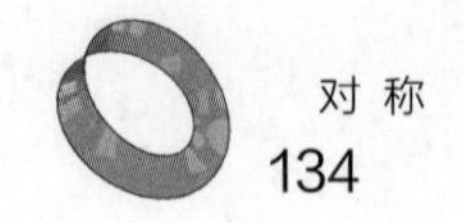

Y

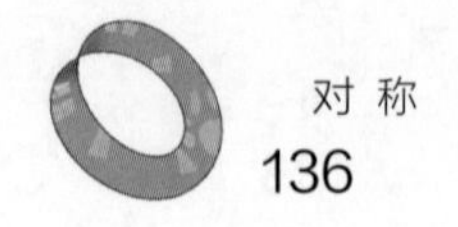

Z

图书在版编目（CIP）数据

对称 /（德）赫尔曼·外尔著；李红杰翻译．—长沙：湖南科学技术出版社，2020. 4（2022.9重印）
（数学圈丛书）
书名原文：Symmetry
ISBN 978-7-5710-0008-0

Ⅰ．①对…　Ⅱ．①赫…②李…　Ⅲ．①对称－普及读物　Ⅳ．①O1-49

中国版本图书馆 CIP 数据核字（2018）第 269773 号

DUICHEN
对称

著者
（德）赫尔曼·外尔
译者
李红杰
出版人
潘晓山
责任编辑
吴炜　王燕
出版发行
湖南科学技术出版社
社址
长沙市芙蓉中路一段416号
泊富国际金融中心
http://www.hnstp.com
湖南科学技术出版社
天猫旗舰店网址
http://hnkjcbs.tmall.com
印刷
湖南省众鑫印务有限公司
厂址
长沙县榔梨镇保家工业园
邮编
410000

版次
2020 年 4 月第 1 版
印次
2022 年 9 月第 2 次印刷
开本
880mm × 1230mm　1/16
印张
9.5
字数
120000
书号
ISBN 978-7-5710-0008-0
定价
48.00 元